The Maniacs Series

幻の戦略爆撃機

XB-70

マニアックス

～事故と共に消えた悲劇のバルキリー～

青木 謙知 著

はじめに

　飛行機が次々に進化を続けていた1960年代は、機体の設計も個性豊かで、その機種の狙いがちょっと見ただけでわかった。超音速旅客機は非常に細長い胴体に三角の主翼をつけて高速で飛ぶ矢をイメージさせるような形をしていたし、ロッキードC-5ギャラクシーやボーイング747は超大型機であることが一目瞭然であった。

　それらのなかでも設計の独創性という点では、ノースアメリカンXB-70バルキリーは最たるものだったと思う。航空雑誌の中にある難しい記事はまだまだ理解できないものの、写真を眺めることだけでも楽しかったローティーンの少年にとって、バルキリーの出現はまさに衝撃だった。

　操縦席の上に翼があり（カナードなんていう言葉は知らなかった）、後方胴体には2枚の垂直尾翼（実際には方向舵だが）がそびえ立ち、そして胴体最後部にはこれ見よがしに6個のエンジン排気口が横一列に並んでいるなど、ほかの航空機では見たこともない設計なのであった。またその機体の大きさからも、「怪鳥」と呼ぶにふさわしいものだと感じた。いや、SF小説にでてくる空飛ぶ機械を具現化した印象を受けたといってもよく、飛び上がったらそのまま宇宙に行けるといわれても、この少年は信じたかもしれない。ちなみに主翼が折れ曲がることを知ったのはもう少しあとのことで、最初から知っていれば驚きはさらに大きかっただろう。

　少年はやがて成長した結果、長年にわたって飛行機を見続けることになり、また調べるなどを続けることになっていったが、初見でもっとも印象に残った機種はバルキリーをおいてほかになく、これからも登場しないのではと思っている。バルキリーを前にすると、「格好よい」とか、「とにかく凄い」などのあたり前の形容詞しか思い浮かばないのだが、この機種からはそうした迫力というか魅力というか、とにかく独特のものを感じ、また圧倒されてしまうのである。

　誰も届かない高空を、誰も追いつけない高速で飛行できるという卓越した性能もまた、少年には魅力的に映った。それにどのような意味があるのか、どんな不利益があるのかなどの理屈はまったく無視して、とにかく速い、とにかく高い、とにかく強いなどは、無邪気な少年を喜ばすキーワードだ。爆撃機としては未完となったバルキリーだが、計画どおりにできあがっていれば、強力な戦略爆撃機になっていた可能性は十分にあった。

　しかし飛行機の成功にはタイミングやコストをはじめとする多くの要素が関わり、それらのすべて（あるいは多く）が味方してくれなければ、どんなに性能が優れていても成功作にならないことはある。特にアメリカの核戦略とその一角である爆撃機は、バルキリー計画の最中からさまざまな議論が続き、時には過去の議論が蒸し返されたりもして、紆余曲折が続いた。現在は一定の方向性で固まりつつあるようだが、先のことはわからないというのが実際のところだ。

　ただそれがどうなろうとも、バルキリーのような航空機はもうでてこないだろう。この機種のスタイリッシュさ、目指した高い飛行能力などは今でも心をワクワクさせるものと思っているのだが、それがもうこないのかと思うとかなりさみしい。

　バルキリーは自分にとって、もっとも印象深い機種であることは、ここまでしつこく記してきたとおりだ。しかし、いちばん好きな飛行機はなにかと問われれば、答えはバルキリーではなく、戦闘機ではイギリスのグロスター・ジャベリン、爆撃機では本書にもでてくるアメリカのコンベア B-58 ハスラーなのだ、ごめんなさい。

2024年4月　青木謙知

Contents

－**VALKYRIE**
戦 い の 女 神
蒼空のワルキューレ

離陸するXB-70Aの1号機。操縦室の直後にある全遊動式カナード翼の後縁にはフラップがあり、離着陸時には追加の揚力を発生させるために下がる。主翼の後縁は片側6分割のエレボンになっていて、通常形式の航空機とは異なり、フラップはない（写真：NASA）

正面上から見たXB-70Aの1号機（62-0001）。XB-70がB-70として実用化されていれば、通信や航法などの担当や攻撃・防御システムを受けもつ乗員も乗り組んだであろうが、XB-70は純粋な機体の開発試験機とされたため、きわめて大型の機体ながら乗員は機長と副操縦士の2人だけであった（写真：アメリカ空軍）

着陸後に大直径（8.53m）のドラグシュート3個を開いて制動するXB-70Aの1号機。本来の設計ではドラグシュートの装備数は2個であったが、飛行試験ではより確実な制動のため、3個を用いることも少なくなかった（写真：NASA）

飛行試験の本拠地であったカリフォルニア州エドワーズ空軍基地のエプロン地区上空を低空で飛行するXB-70Aの2号機 (62-0207)。低速飛行であることから、主翼端の折り曲げ位置は1/2である。下のエプロンには、当時の主力戦略爆撃機であるボーイングB-47ストラトジェットが写っている (写真：アメリカ空軍)

XB-70Aの1号機とその前に置かれた搭載エンジンのジェネラル・エレクトリックYJ93エンジン。YJ93は、強力なJ79から発展して作られたアフターバーナーつきターボジェットで、量産型のJ93ではアフターバーナー使用時最大で130kN級 (XB-70では124.6kN) の推力をだすことが計画されていた (写真：アメリカ空軍)

主翼端を最下げ位置にして飛行するXB-70Aの1号機。主翼端の下げ機構は高速飛行時の方向安定性確保のために設けられたもので、垂直尾翼と同じ働きをする。低速時には空気抵抗が増加するので、1/2下げあるいは完全上げ位置が使用される（写真：アメリカ空軍）

後方下側から見たXB-70。XB-70Aは2機とも中央胴体内に大きな兵器倉スペースが設けられていて、胴体下面には左右に開く兵器倉扉がつけられていた。もちろんこのスペースが飛行試験で使われることはなく、飛行中の扉の開閉も行われていない（写真：アメリカ空軍）

エドワーズ空軍基地の滑走路に最終進入しタッチダウン直前のXB-70Aの1号機。滑走路近くには万が一に備えてパイアセッキH-21ワークホースがホバリング待機している（写真：アメリカ空軍）

XB-70Aの主計器盤。1960年代
の機種だからもちろんグラス・コ
クピットではなく従来の計器類
が並んでいる。それでもB-52や
B-58に比べると、デザインはか
なり進化している
（写真：アメリカ空軍）

XB-70A 1号機の機長席の操縦輪。
中央のオレンジ部には上昇時の高
度到達時間と速度のメモが書かれ
ている
（写真：アメリカ空軍）

6本のスロットル・レバーが並ぶ中央操
作パネル。スロットル60％以上のエリ
アには、推力設定の注意を促すオレン
ジのテープが貼られている
（写真：アメリカ空軍）

機長席側の左サイド・コンソール
（上）と副操縦士席側の右サイド・
コンソール（下）。飛行試験機で搭
載システムが簡素なため、双方と
もにパネルもシンプルである
（写真：いずれもアメリカ空軍）

1964年5月11日に、カリフォルニア州パームデールの空軍第42施設（プラント42）でロールアウトしたXB-70Aの1号機。
建物から引きだされた直後は主翼端は上げ位置だったが、その後1/2下げにされた（写真：ノースアメリカン）

オハイオ州デイトンのアメリカ空軍博物館に所蔵されているXB-70Aの1号機。X-1B、X-15、X-24、D-21などの超音速研究機とともに展示されている（写真：アメリカ空軍）

アメリカ空軍博物館の展示館の前庭に並べられたXB-70Aの1号機とロッキードSR-71A（右）。ともに希代のマッハ3級航空機だが、実用化されたのはSR-71だけだった（写真：アメリカ空軍）

たび重なる超音速飛行試験の摩擦熱で一部の機体塗装が剥げ落ちた XB-70A の1号機。もちろんこのあとに塗り直しが行われている。
随伴するのはアメリカ初の超音速爆撃機コンベア B-58 ハスラー（写真：アメリカ空軍）

1966年6月8日に広報用撮影のためマクダネル・ダグラス F-4 ファントムⅡ、ロッキード F-104 スターファイター、ノースロップ T-38 タロンと編隊を組んだ
XB-70A の2号機。このあとに思いもよらぬ悲劇が訪れた（写真：アメリカ空軍）

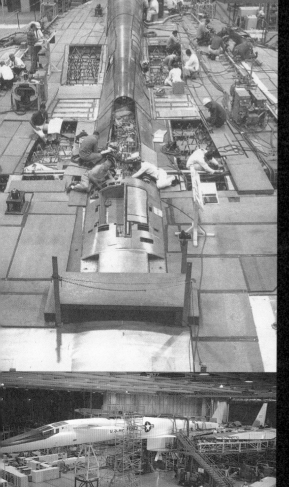

Aircraft-General

XB-70の
機体概要

写真上下：アメリカ空軍、中：ノースアメリカン

1964年9月21日の初飛行時に撮影されたXB-70Aの1号機。降着装置は引き込まれ、主翼端は1/2下げ位置になっている（写真：アメリカ空軍）

Aircraft－General
XB-70の機体概要

敵の防空ミサイルと戦闘機が迎撃不可能な高高度を超高速で侵入し、
心臓部に核爆弾を見舞う。新戦略核爆撃機のバルキリーは、
そうした構想にもとづいて開発されたものであった。

　1950年代中期にアメリカの大手航空機メーカーのノースアメリカン（のちにロックウェル・インターナショナル、現ボーイング）が開発を行ったXB-70バルキリーは、アメリカ空軍向け超音速戦略爆撃機B-70の試作機である。本来ならば試作機には「Y」に任務記号がつく「YB-70」となるはずだが、B-70の量産と装備がまだ確定していなかったことと、アメリカ航空宇宙局（NASA：National Aeronautics and Space Administration）が超音速旅客機（SST：Supersonic

Transport）や大型超音速機の研究に使用することにしていたことなどから、研究機を示す「X」の任務記号が付与されたものだ。XB-70の設計と製造はカリフォルニア州にあったノースアメリカン社のロサンゼルス部門で行われて2機が製造されている。これらは超音速爆撃機の試作機であり、その主用途はその目的を満たす空力的能力を実証することと、設計の技術的適合性を証明することにあった。

XB-70の機体構成

　機体の基本構成は、細長い胴体に非常に薄い大面積のデルタ主翼を中翼で配置し、機首先端直後のコクピット直後に、左右に延びる全遊動式のカナード翼を装備した。尾翼は双垂直尾翼形式で水平尾翼は備えておらず、また垂直尾翼は尾翼と方向舵に分けられているが、垂直尾翼で固定部となっているのは付け根前縁部のごくわずかな部分だけで、基部から動く全遊動式になっていて方向

パームデールの空軍第42施設で
行われたロールアウト式典。機
首部下面の地面からの高さは約
4.5mもある
（写真：アメリカ空軍）

後方から見たロールアウト時のXB-
70A。主翼面積の大きさがよくわか
る。式典には5,000人以上の人が参
加したという（写真：アメリカ空軍）

舵としての機能も果たすようにされ
ているといったほうがよい構成だ。
操縦翼面としての機能や方向安定性
以外の飛行特性に対する影響など
は、まったく有していない。
　主翼端は、高速飛行時の方向安定
性を増す目的で、比較的大きな面積
で下方に折り曲がるようにされた。
　主翼にはフラップや補助翼といっ
た動翼はなく、一方で後縁に分割型
のエレボンを備えた。エレボンとは、

水平尾翼を有しない（従って通常は
昇降舵がない）無尾翼形式航空機に
おいて、昇降舵（エレベーター）と補
助翼（エルロン）の役割をあわせも
たせた動翼のことで、エレボンはエ
レベーター（昇降舵）とエルロン（補
助翼）の合成語である。操縦翼面を
減らすのは飛行中の抵抗減少に役立
ち、戦略爆撃機は戦闘機のような機
動飛行を行わないから、操縦翼面
（動翼）も少なくてすませられ、その

ほうが重量の軽減やシステムの簡素
化も可能になる。のちに実用化され
た民間のSSTでも同じ考え方が取り
入れられており、またロッキード・
マーチンF-22ラプターの設計にも通
じているものだ。
　エンジンはアフターバーナーつき
ターボジェット6基で、中央胴体下
面にコンパートメント・フェアリン
グを設けて、その中に横一列に並べ
て収納している。コンパートメント

19

図1-1　XB-70の機体概要

1. ピトー管
2. 可動式風防部
3. 機長脱出カプセル
4. 副操縦士脱出カプセル
5. 乗降扉
6. 酸素コンバーターとコンテナ（2個）
7. カナード翼
8. 地上での緊急時脱出ハッチ
9. 敵味方識別装置（IFF）アンテナ
10. カナード翼のフラップ
11. UHF無線機アンテナ
12. 引き込み式衝突防止灯
13. 戦術航空航法装置（TACAN）アンテナ
14. 胴体内燃料タンク
15. 主翼内燃料タンク
16. 主脚（引き込み状態）
17. ドラグシュート収納部
18. 方向舵
19. YJ93-GE-3エンジン（6基）
20. 分割式エレボン（左右双方）
21. 主翼端および尾部結合灯
22. 折り曲げ式主翼端部（左右双方）
23. 主翼端折り曲げ動力ヒンジ（左右双方）
24. エンジン補機駆動システム・コンパートメント
25. 空気取り入れ口バイパス扉
26. 可変式空気取り入れ口
27. 前脚（引き込み状態）
27A. 環境制御システム緊急時用ラムエア吸い込み口（閉状態）

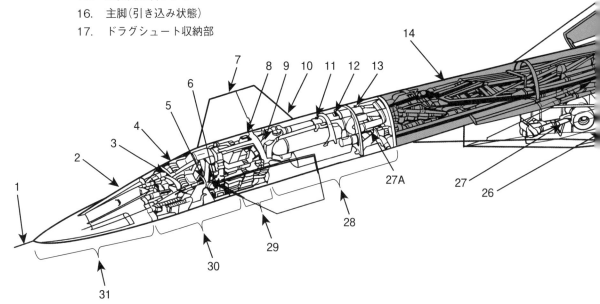

28.　環境制御システム
29.　電子機器コンパートメント
30.　乗員コンパートメント
31.　搭載機器前方コンパートメント

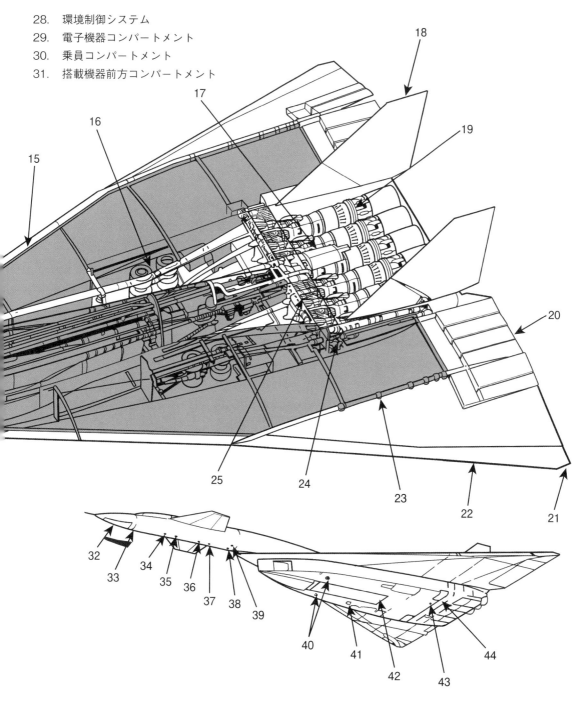

32.　ローカライザー・アンテナ
33.　着陸灯
34.　補助着陸灯
35.　TACANアンテナ
36.　IFFアンテナ

37.　UHF無線機アンテナ
38.　マーカービーコン・アンテナ
39.　地上冷却装置接続部
40.　引き込み式衝突防止灯
41.　一点加圧給油口

42.　兵器倉
43.　外部電源接続口（交流）
44.　油圧作動油および
　　　液体窒素地上補給－試験接続部

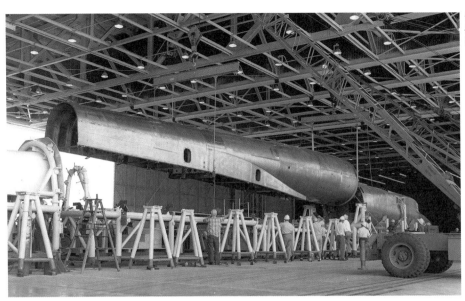

クレーンで製造工具の上に下
ろされるXB-70の中央胴体
（写真：ノースアメリカン）

空軍第42施設内で機首部と前方胴体、そして中央胴体がつながれたXB-70（写真：ノースアメリカン）

先端部は楔形にされて、主翼前縁付
け根下で比較的開口部の大きな空気
取り入れ口を構成し、すべてのエン
ジンにまっすぐ空気を導く設計であ
る（図1-1）。

XB-70で採用された
特別な技術

　アメリカ空軍最初の超音速爆撃で
あるコンベアB-58ハスラーは、4基の
エンジンを個別にポッド式で主翼下
に装着し、特に左右外側2基は極力
パイロンを短くしてほぼ密着するよ
うにして抵抗を減らしていた。しか
し、円形断面の各ポッドは大きな抵
抗を生むから、より高速の飛行を目
指すにはこのXB-70のような装着方
式が優れているとして採用された。

　XB-70/B-70をマッハ3の超高速機
にするためにはほかにも、いくつかの
特別な技術が用いられている。たと
えばエンジンと空気取り入れ口には、
これまでの戦闘機などとは異なる技
術が必要だったし、胴体先端の機首
部と乗員および電子機器コンパート
メントはチタニウム製フレームと外
板をリベット留めした製造方式と
なっていて、さらに縦通材にはH-11
鋼鉄を使用している。胴体中央部と
多桁構造の主翼には、ステンレスに
よるハニカム・サンドイッチ構造が
用いられている。エンジンを収納す
る後方胴体区画は、チタニウムと高
強度合金を使用して、リベットと溶
接により結合している。高圧の配管

XB-70Aの1号機とその前に置かれたYJ93ターボジェット・エンジン。どちらも前例のない大きなサイズであった（写真：アメリカ空軍）

部には蠟づけ技法が用いられていて、低圧配管は溶接で結合している。

　油圧作動による飛行操縦装置は電子制御の増強システムになっていて、飛行の状況に応じて操縦翼面を自動的に作動させて補正を行う。また主翼の後縁部でエンジンの外側にあるエレボンはあわせて、飛行中の荷重による曲げ効果を軽減するよう作動するようにされた。主翼の外翼部は折り曲げ式になっていて、高マッハ数での飛行中に方向安定性を高めることを可能にする。前方胴体の全遊動式カナード翼は、エレボンとの兼用でピッチ操縦力を強化する。フラップはカナード翼後縁のみにあって、通常の航空機の主翼フラップと同様に、離着陸時の揚力増強を目的としていて、着陸時の下げ位置では空気抵抗を増加させる。降着装置は前脚式3脚で、前脚は二重車輪の操向可能型、主脚は4車輪によるボギー形式である。主輪には、自動ブレーキ・システムの検知機能がつけられていて、ドラグシュートの展張に活用される。また降着装置とドラグシュート・コンパートメントには、

制動時に上昇した温度を下げるための冷却装置がつけられている。

　これらの機体各部の特徴については、このあとで個別に見ていくことにするが、まずフライト・マニュアルに記載されているX-70の基本諸元を記しておく。フライト・マニュアルの数値は概数であり、判明しているかぎりの詳細な数値はP.39に記した。

[寸度]

・全幅　105フィート（32.00m）
・全長（ピトー管含む）
　193フィート5インチ（58.95m）
・全高（方向舵頂部まで）
　30フィート9インチ（9.37m）

[重量]

・総重量　500,000ポンド
　（226,800kg）級

┃XB-70のエンジン

　XB-70のエンジンはジェネラル・エレクトリックYJ93-GE-3 6基で、左外側から右外側に向かって第1、第2、第3、第4、第5、第6エンジンと

なっていて、コクピットの機長席と副操縦士席の間にあるセンター・コンソールにあるスロットル・レバーにより推力を調節する。スロットル・レバーは6本あって、個々のエンジンについて個別調節が可能だ。また各スロットル・レバーにはフリクション（摩擦）レバーがあって、動きの重さ（必要な操作力）をパイロットが好みにあわせることができる。

　スロットル・レバーの動きは電気機械系統によって主燃料制御システムに伝えられ、その位置に対応した燃料供給がエンジンに対して行われる。

　また同じ中央コンソールには、スロットル・システムの故障時に使用する代替スロットル・スイッチがある。スロットル・レバーの最前進位置にはオーバースピード・アーミング・レバーがあって、エンジンの最大回転数を104%に制限できるようにされている。これによりエンジンは電気的に回転数が制限されるが、スロットル・レバーがアフターバーナー最大位置にあるときには、それを越えてオーバースピード位置に進めることも可能になっている。これ

胴体最後部のエンジン室への
YJ93エンジンの搭載。全エンジ
ンが下からもち上げて収納され
る。各エンジン・ベイは隔壁で
しっかりと仕切られている
（写真：ノースアメリカン）

ジェネラル・エレクトリック社工場
内で完成したYJ93（下）。2人の人
と比べるとその巨大さがわかる
（写真：ジェネラル・エレクトリック）

は、オーバースピードのロックを自
動的に解除するものではある。

中央コンソールにはスロットル・
リセットボタンがあって、スロット
ルを飛行の段階などに応じた必要な
推力位置にリセットすることを可能
にする。また、緊急時用のエンジン
停止スイッチも備わっている。

ジェネラル・エレクトリックが開
発したYJ93は、単軸の軸流式ターボ
ジェット・エンジンで、可変式静翼
システム、可変式排気口システムも
装備されているが、XB-70開発当時
にはともに秘密扱いの項目となって
いた。可変式静翼システムは、圧縮
器で回転するブレードと組み合わせ

て空気を圧縮する静翼を可動式にし
て圧縮効率を高めるもので、また可
変式排気口システムはいわゆる「コ
ンバージェンス／ダイバージェンス
排気口」で、今日のジェット・エン
ジンでは一般的に用いられている技術
である。ほかにもタービン・ブレー
ドにドリルで冷却用の穴を空けるな

ライトパターソン空軍基地内のアメリカ空軍博物館に収蔵されているYJ93ターボジェット・エンジン（写真：Wikimedia Commons）

計画段階ではアフターバーナー時最大で130kNの推力をだすことが可能とされたジェネラル・エレクトリックYJ93（写真：アメリカ空軍）

どの、新技術が盛り込まれていた。

このエンジンはXB-70のほかに、マッハ3級の迎撃戦闘機ノースアメリカンXF-108レイピアの使用も計画されていた。

YJ93各タイプと基本諸元

YJ93は、大推力ターボジェットであるJ79の高性能派生型J79-X275という名称で開発に着手されたものであった。「275」は、マッハ2.75の運用飛行速度を達成することを目標としたことから用いられたもので、その後目標速度がマッハ3での巡航に引き上げられるとYJ93に名称が変更された。そして巡航速度マッハ3という高速飛行を可能にするため、高温耐性に優れた特別なジェット燃料であるJP-6を使用することとされた。ただ、B-70計画がキャンセルとなった結果、この燃料を使用する実用エンジンは存在していない。

YJ93の初号エンジンは、1958年9月に初運転試験を実施した。このエンジンは迎撃戦闘機ノースアメリカンXF-108レイピアにも使われることとされて、次のタイプの生産が計画された。

◇J93-GE-1：アフターバーナー時推力110.4kN型。
◇J93-GE-3：XB-70が装備した試作エンジンYJ93-GE-3の量産型。
◇J93-GE-3R：アフターバーナー時推力121.0kNでスラストリバーサー装備型。
◇J93-GE-3AR：F-108レイピアへの装備を計画したもの。ドライ時最大推力93.0kN、アフターバーナー時最大推力130.4kN。

YJ93-GE-3のコアエンジンの構成は軸流式圧縮器が11段で、36個の二重燃料噴射口をもつアニュラー式燃焼室を経て2段のタービンを駆動するというもの。基本諸元は下記のとおり。

・全長　6.20m
・直径　1.33m
・乾重量　2,268kg
・ドライ時最大推力　97.9kN

アメリカ空軍博物館で展示されているYJ93。内部構造が見えるようにされている (写真：Wikimedia Commons)

エンジン運転の試験セルにセットされたYJ93
(写真：ジェネラル・エレクトリック)

・アフターバーナー時最大推力
　133.5kN

・最大空気流量　125kg/秒

・タービン入口温度　1,149℃

・燃費率　19.8g/kN/秒（ドライ時）
　/510g/kN/秒（アフターバーナー時）

・アフターバーナー時推力重量比　6

　前記したように6基のYJ93エンジンは、中央胴体下面に横並びで装備されていて、そのコンパートメントは1つの角ばったフェアリングで覆

われている。その内部では、個々のエンジン収納部はステンレス製の隔壁で仕切られていて、各エンジンはそれぞれにつけられた冷却シュラウド（囲い）によって冷却される。このシュラウドは断熱材としてエンジンの構造を防護するとともに、エンジンの周囲を先端から排気口まで冷たい空気を流すダクトにもなっている。エンジン・コンパートメントでの火災は、検出システムにより探知され、

消火システムを作動させることで鎮火できる。

エンジンの冷却システム

　エンジン・コンパートメントの構造は図に示したとおりで、3つの独立した冷却空気源によるコンパートメントを有している（図1-2）。

　外側の空気は、飛行速度マッハ0.45から0.70までの間（区分I冷却）

図1-2　エンジン室冷却システム

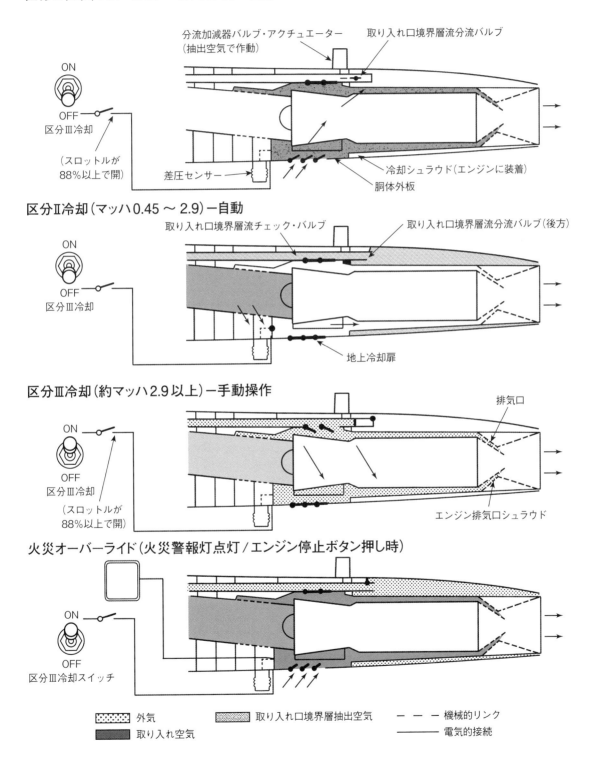

区分 I 冷却（マッハ0.45 ～ 0.70まで）ー自動

ON
OFF
区分Ⅲ冷却
（スロットルが
88%以上で開）

分流加減器バルブ・アクチュエーター
（抽出空気で作動）
取り入れ口境界層流分流バルブ
差圧センサー
冷却シュラウド（エンジンに装着）
胴体外板

区分Ⅱ冷却（マッハ0.45 ～ 2.9）ー自動

ON
OFF
区分Ⅲ冷却

取り入れ口境界層流チェック・バルブ
取り入れ口境界層流分流バルブ（後方）
地上冷却扉

区分Ⅲ冷却（約マッハ2.9以上）ー手動操作

ON
OFF
区分Ⅲ冷却
（スロットルが
88%以上で開）

排気口
エンジン排気口シュラウド

火災オーバーライド（火災警報灯点灯 / エンジン停止ボタン押し時）

ON
OFF
区分Ⅲ冷却スイッチ

外気
取り入れ空気
取り入れ口境界層抽出空気
ー ー ー　機械的リンク
　　　　　電気的接続

第3エンジン（左から3基目）のフルアフターバーナー試験を行うXB-70Aの1号機
（写真：ノースアメリカン）

で使用され、取り入れ口バイパス空気は通常マッハ0.45から2.9の間（区分II冷却）で使われる。マッハ2.9以上の飛行時には、取り入れ口境界層抽出空気が、パイロットの選択によりコンパートメントに送られる（区分III冷却）。区分I冷却と区分II冷却は自動システムで、差圧と温度変調により作動する。区分III冷却は自動ではなく、乗員のスイッチ操作のみにより機能する。

区分II冷却用の空気は、胴体下面にあるスプリング荷重による開閉式の扉から内部に送り込まれ、地上用の冷却扉はコンパートメント内の圧力が高まると閉じる。区分II冷却時には、空気取り入れ口はダクト前方で下がり、冷却用空気を調節するとともにコンパートメント内の圧力超過を避けるために2個ついているバイパス・バルブから空気を逃す。

区分III冷却では、スイッチは個々のエンジン・スロットルと連動し、取り入れ口バイパス・バルブと境界層抽出空気ダイバーター・バルブを閉じ、ダイバーターは境界層抽出空気をコンパートメント内に送り込む。区分III冷却は、エンジンのスロットル・レバー位置が88度以下で機能する。火災警報灯が点灯したり、エンジン停止ボタンが押されたりした場合には、取り入れ口境界層抽出空気ダイバーターが開くとともに取り入れ口バイパス・バルブが閉じて、エンジン・コンパートメント内の冷却空気を制限する。

こうしたエンジンの冷却システムによりXB-70は、マッハ2.9までのスムーズな加速とマッハ2.9以上での巡航飛行を可能にすることとされていた。

区分III冷却スイッチは、副操縦士席のコンソールにあって、右の電源バスから電力を得ていて、全エンジンに区分III冷却を行うことを可能にする。スイッチはオンとオフの2位置で、オンにするときは一度もち上げてからオン位置に動かす。また速度マッハ2.9以下では、オフにしておかなければならない。また区分III冷却を行う際には、スイッチを入れる約45秒前に、スロットル・レバーの位置を88度以上にしておく必要がある。

エンジンの制御システム

エンジンの始動は、地上では油圧

により駆動され、電気的に制御される。油圧源および電源は機外から供給を受け、また一次油圧システムのポンプのみがエンジンの始動を可能にする。この始動は、6基のエンジンすべてを同時に行うことが可能だが、個別のエンジンを別々に始動させることもでき、通常はこちらで行われる。始動に際しては、スロットル・レバーをオフ位置からアイドル位置に動かす。

　地上始動スイッチはオンとオフの2位置でオーバーヘッド・パネルにあり、機体の降着装置に所定の重量がかかっていれば機能する。スイッチにはスプリングがあってオンからオフに戻るので、通常はオンの位置でしばらく維持したあとに、エンジン・スロットルをアイドル位置に進める。

　エンジンの主要な指示器（計器）としては回転計、排気温度計、一次排気口位置指示器、エンジン注意灯があり、これらによりエンジンの基本的な運転状態をモニターする。これらは、6基のエンジンそれぞれに個別で設けられている。回転計は、回転数100％までの間を1％単位で示すものだ。

　6基のエンジンにはそれぞれ個別に補機駆動システム（ADS：Accessory Drive System）がついていて、油圧ギアボックス・アッセンブリー、油圧動力システム・ポンプ、発電器を駆動する。駆動システムはまた、エンジン・クランクへの入力システムともなっている。ADSと油圧および電気システムの組み合わせは、二次的な動力供給源になっていると考えてもよいものある。6基のADSは個別のエンジン・コンパートメント内にあって、それぞれの対応しているエンジンの前方部に取りつけられ

ている。ADSにも番号があって、それはエンジン番号に対応しており、たとえば第1エンジンのものは第1ADSとなっている。各ADSには、火災探知装置と消火装置による火災防護システムが備わっている。また各ADSには動力伝達軸があって、エンジン伝達ギアボックスにある離陸パッドから動力を伝え、温度差により前後することを可能にしている。この軸の両端にはジョイントがあって、ギアボックスの若干の不整合を防護するようになっている。

　それぞれのADSは、ギアボックスに装着されている2基の油圧ポンプ（一次油圧系用と汎用油圧系統用）と、ギアボックスにつけられている、電気系統の自動シーケンス遠心式スイッチを作動する。また第3と第4ADCには定速駆動ユニットがあって、エンジン回転数8,000rpmまではエンジン・ギアボックスの回転数を変化させ、これにより安定的な交流電源を供給する。

　エンジン識別注意灯には、エンジンおよび補機システム・ギアボックス震動灯も含まれている。

空気取り入れ制御システム

　空気取り入れ制御システム（AICS：Air Induction Control System）は、胴体下面に2分割してつけられている可変式空気取り入れ口の制御システムで、一方の取り入れ口は横並びのうち左側のエンジン3基に、もう一方は右側の3基に空気流をもたらす。超音速飛行時にも効率を維持するために、各取り入れ口には作動式の吸入部と可変バイパス・システムが備わっている。取り入れ口内側には3枚の可動式パネルがあって、開口部の寸法を19インチ（48.3cm）

から48インチ（121.9cm）の間で変化させる。これは、飛行速度範囲に対応してのものだ。バイパス・システムは流入空気の超過をなくすためのもので、空気取り入れダクトの上面に6組のバイパス扉がつけられていて、それぞれのペアは連動して動く（一方が上がるともう一方は下がる）。このバイパス扉の作動により、0から2,400平方インチの間（0から1.55m²）の範囲でのバイパス空気用開口部が得られる。

　またXB-70の1号機には、空気取り入れ口用に2つの制御機構がつけられている。1つは「通常」システムで、開口部パネルとバイパス扉の作動を自動あるいは手動で切り替えることができるというもの。もう1つは「スタンバイ」システムで、手動操作だけの作動メカニズムとなっていた。2号機も、基本的には同様の2種のシステムが用意されたが、「通常」システムは自動に限定され、「スタンバイ」システムは緊急時にのみ用いるように指定された。加えてどちらの機体にも「カプセル」が備えられていた。これはパイロットが緊急脱出のため脱出カプセルを閉じた際に、事前に設定された脱出に適した条件を作りだすためのもので、取り入れ口開口部は39インチ（99.1cm）になって、バイパス扉は全部が開状態になるものである。

　マッハ2以上での飛行時には、衝撃波の発生に適した位置に動いて、高圧力状態でもエンジンの最大推力を獲得できるようにする。また衝撃波が空気取り入れ口前方からでてしまうと、エンジン推力が低下し、最終的にはエンジンの運転停止に至る。これは、「アンスタート」と呼ぶ現象である。

　「アンスタート」から回復するため

には、可変開口部とバイパス扉を開いて衝撃波の位置を後方に移してダクト内に収める。この際、マッハ1.5以上で飛行していると、取り入れ口内から大きな音が発生するが、通常は次第に低下する。音が続くようであれば、取り入れ口とエンジンあるいはその双方が損傷を負っていることが考えられる。

亜音速飛行時には、空気取り入れ口は固定式として機能する。この場合、バイパス扉は閉じていて、取り入れ口開口部は最大開の状態となる。

副操縦士席のコンソールには、空気取り入れ制御システム（AICS）の電源スイッチがある。このスイッチはオンとオフの2位置だが、オン位置で固定されているので、オフにする場合にはスイッチをもち上げて移動させなければならない。スイッチがオンであれば、空気取り入れ口からコンパートメントに冷却空気が導かれる。スイッチをオフにすると、冷却システムの不具合発生時にコンパートメントを損傷から護ることができる。また、AICSの冷却注意灯が点灯時には、このスイッチは常にオンにしておかなければならない。

副操縦士席コンソールにはまた、2位置のダクト性能スイッチがある。これは、機動飛行時に空気取り入れ口の安定性を確保するためのもので、取り入れ口を手動制御にしているときや安定した飛行を行っているには「ノーマル（通常）」位置にしておくことで、取り入れ口性能は自動的にコントロールされる。機動飛行が予測されるときに自動制御にしたいときには「ロー（低）」位置にすることで、開口部幅をわずかに広げて吸入空気量を増やして、取り入れ口ルーバーの効率を高める。なお安定飛行に戻る前には、かならず「ノーマル」位置に戻さなくてはいけない。

副操縦士のペデスタルには、バイパス扉のモード・スイッチもある。スイッチは各取り入れ口ごとに1つあって、手動と自動、それにオフの3位置が用意されている。自動位置では扉は自動的に作動し、手動にすると操作用ホイールにより扉を動かす。オフは、バイパス扉を作動させないための位置だ。自動モードでも手動モードでも、バイパス扉を完全に開くと800平方インチ（0.52m²）の開口部が得られる。

各空気取り入れ口には、衝撃波位置を計測するセンサーがあって、発生位置を知らせる指示器は副操縦士の計器盤にある。指示器のある針（ポインター）は、「前方」と「後方」と書かれた両端の間をセンサーからの情報により動いて、衝撃波の位置を知らせる。また各取り入れ口には、取り入れ口部圧力センサーがあって、その圧縮比情報が副操縦士席計器盤の指示器によりもたらされる。

各空気取り入れ口用にAICSモード・スイッチがあって、「自動」位置では開口部パネルとバイパス扉の動きが自動で行われるようになる。これを手動で行うときには、スイッチを「スタンバイ」位置にする。スイッチにはもう1つ「EMER（緊急）」位置があって、この位置に動かすと自動的に開口部パネル幅が39インチ（99cm）になるとともに、バイパス扉が完全に開く。「EMER」位置ではスイッチに自動的にロックがかかるので、自動あるいはスタンバイ位置に動かすにはスイッチを一度引き上げる必要がある。

燃料供給システム

燃料供給システムはP.33〜34の図1-5〜6に示したとおりで、機内には11個の機体内構造を活用したインテグラル型燃料タンクが備わっている。そのうち5個は胴体内にあって、左右主翼内に各3個が収められている（図1-3）。胴体内のものは第1タンクから第5タンクで、主翼内のものには第6タンク右と第6タンク左、第7タンク右と第7タンク左、そして第8タンク右と第8タンク左の番号がつけられている。また1号機では、第5タンクはスペースはあるものの燃料タンクとしては使用されていない。また主翼内で同じ番号をもつ左右のタンクは、機能的には同様なので、1つのタンクとして扱うことができる。

通常であればフライト・マニュアルには各タンクの容量が細かく示されているし、そうでなくても燃料の搭載量については早い段階から公表されることが多い。しかしXB-70は、高速の長距離戦略爆撃機の開発機ということから燃料搭載量は伏せられ、その後プログラムがキャンセルとなっても明らかにされることはなく、いくつかの書物にもそれをくわしく記しているものはない。もっとも信頼できる数値では、機内総燃料容量が43,646米ガロン（165,213L）と考えられるが、ウィキペディアなど一部のウェブサイトでは46,745米ガロン（176,944L）としている。

各タンク間の燃料の移送は手動および自動シークェンスの双方で行うことができ、すべての燃料は最終的に第3燃料タンクに送られて、それが供給タンクとなってエンジンに燃料を送る。燃料の移送シークェンスは、指示器によりモニターできる。ほかのタンクからは、燃料を直接エンジンに送ることはできない。第3タンクからの供給にはブースト・ポンプが使われ、また燃料供給システムに

図1-3　XB-70の燃料タンクと主要装備の配置

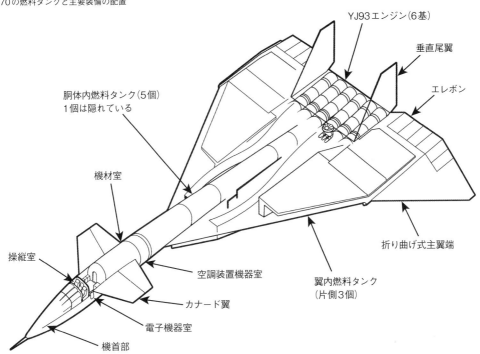

は各種の方式による冷却システムが備わっている。なかでも液体窒素は、ガス化して冷却に使用できるほか、タンク内に注入することで燃料圧力を調節してタンクの構造限界を護ることや、不活性化による火災の防護にも活用される。燃料タンクにはベント（放出）機能もあって、必要に応じて燃料を投棄することでタンク内の燃料圧の超過を防ぐことができるのである。

燃料管理システム

　燃料管理システムは、機体の重心位置を適正範囲内に保つために燃料を自動的に移送するもので、また残燃料量の把握も可能にする（図1-4）。燃料制御モジュールと移送ポンプ・ユニットは、事前に設定された順序で作動し、また最終補給タンクである第3燃料タンクの残量がわずかに

なると警告をだす。第3燃料タンクへの移送も図に示したとおりで、各燃料タンクには1個あるいはそれ以上の油圧駆動式移送ポンプがあって、第3燃料タンクに燃料を供給する。移送ポンプのスイッチが「自動」であれば、いずれかのスロットル・レバーが「オフ」位置から動かされると、第2および第6燃料タンクの移送ポンプが作動する。燃料移送ポンプの作動は、燃料管理システムにより自動的に適正に制御されるが、計器盤にある燃料移送ポンプ・スイッチを使うことでそれをオーバーライドして、手動で操作することもできる。第3燃料タンクには2個の燃料制御バルブがあって、このタンクへの燃料移送を制御する。上方のレバーは、第3燃料タンク内の量があらかじめ設定された量に達するとそれ以上の燃料は後方（第4から第8）燃料タンクに送り、下方のレバーは前方

（第1と第2燃料タンク）に送る。

　各タンクの燃料量を計測する主体が燃料制御モジュールで、図1-5～6に示したようになっている。各モジュールは、指示モジュールとブリッジ回路の半分ずつを備えていて、それぞれの燃料タンクのユニットから信号を得ることで残量を把握し燃料管理システムの自動制御情報として用いる。ブリッジ回路は、常に均衡をとって正確な燃料量を読み取り、また順序指示器でそれを伝える。いずれかの燃料タンクで量が変化することで不均衡が発生した場合、この回路がそれを検出する。そしてすべてのブリッジ回路が、不均衡を是正するように機能する。

　第1、第2、第4、第8燃料タンクの移送ポンプは、燃料制御モジュール内にある中間燃料レバーのスイッチにより、自動的に始動/停止を行う。このスイッチが中央バルブの油圧動

図1-4　燃料管理システム

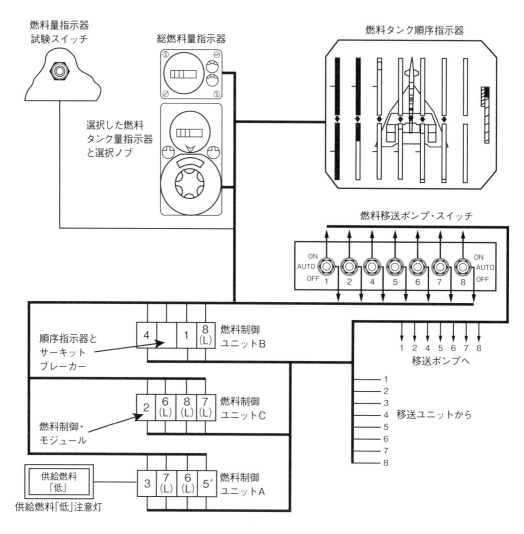

<table>
</table>

━━	ワイヤ結束部	◎	燃料量タンクバルブ
━━	エンジンへの燃料供給経路	➡	チェックユニット
▓▓	文字再確認	↝	熱放出バルブ
▨▨	冷却ループ	⊖	燃料量制御サーボ・バルブ
⏦⏦	一次第1油圧系統作動油圧	◐	モーター駆動の燃料シャットオフ・バルブ
▥▥	一次第2油圧系統作動油圧	⏚	油圧動力の燃料タンク
◰◰	第1汎用油圧作動油圧		（Bはブースト、Tは移送、Oは開放）
◿◿	第2汎用油圧作動油圧	⊮	二重の燃料量制御バルブ
━━	油圧の戻り		
- - -	機械的連結		

図1-5　燃料供給システム（1）

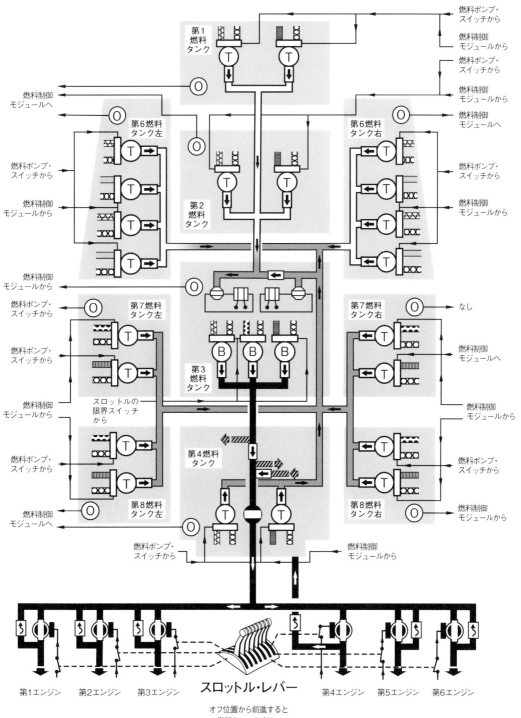

図1-6　燃料供給システム（2）

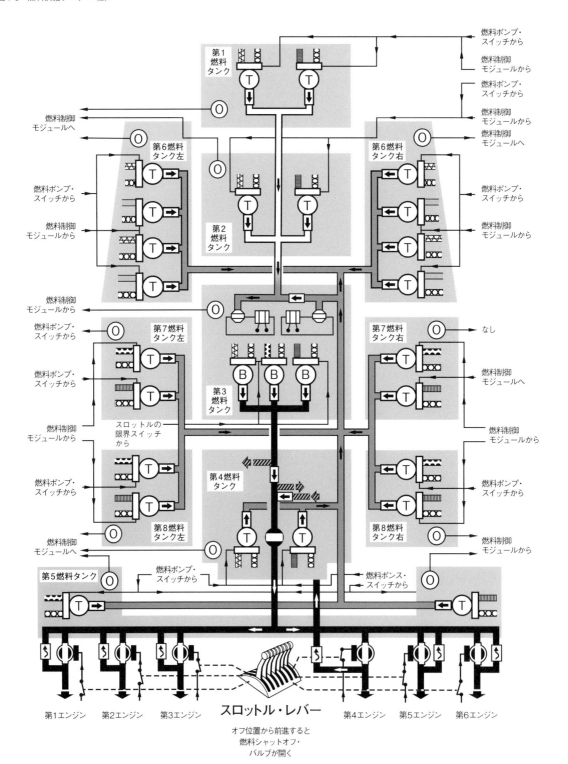

燃料ポンプ・スイッチから

燃料制御モジュールから

燃料ポンプ・スイッチから

燃料制御モジュールから

燃料制御モジュールへ

第1燃料タンク

第6燃料タンク左

第2燃料タンク

第6燃料タンク右

燃料ポンプ・スイッチから

燃料制御モジュールから

燃料制御モジュールへ

燃料ポンプ・スイッチから

燃料制御モジュールから

燃料制御モジュールへ

第7燃料タンク左

第3燃料タンク

第7燃料タンク右

なし

燃料制御モジュールへ

スロットルの限界スイッチから

燃料ポンプ・スイッチから

燃料制御モジュールから

第4燃料タンク

燃料制御モジュールから

燃料ポンプ・スイッチから

第8燃料タンク左

第8燃料タンク右

燃料制御モジュールへ

燃料制御モジュールから

第5燃料タンク

燃料ポンプ・スイッチから

燃料ポンプ・スイッチから

第1エンジン　第2エンジン　第3エンジン

スロットル・レバー

オフ位置から前進すると燃料シャットオフ・バルブが開く

第4エンジン　第5エンジン　第6エンジン

高高度・高速飛行でカナード翼と主翼後縁に衝撃波を発生させ、またベーパー・トレイルを曳いて飛行するXB-70Aの1号機（写真：NASA）

力を制御している。また第3燃料タンクの「低燃料残量」注意灯は、残量が事前設定していた量を下回ると、自動的に点灯する。

　第1、第2、第3、第4、第5燃料タンクにはスペアの燃料制御モジュールがあって、飛行中にいずれかのモジュールに不具合が発生した場合、その役割を代替することができる。このスペア・モジュールは、地上クルーにより離陸前に較正されているので、パイロットがさらに調整などを行う必要はない。ただし、飛行中に正確な順序での作動が行われなかったり、残量表示が不正確になった場合には、調整が必要である。

　燃料は、第3燃料タンクにある3基の燃料ブースト・ポンプにより6基

のエンジンすべてに供給される。これらは油圧モーターにより駆動される遠心式ポンプで、それぞれが個別に動かされることで冗長性を確保している。使われている油圧回路は、第1一次回路と第2一次回路、そして第1汎用回路である。各ポンプは電磁弁（ソレノイド・バルブ）により制御され、スロットル・レバーがアイドル位置よりも前進位置に動かされると作動を始める。ポンプのうち2基は燃料タンクの下にあり、もう1基はそれよりも高い位置に取りつけてある。エンジンの始動時には、ブースト・ポンプはエンジンと同じ油圧系統を使用し、停止はエンジンの運転停止とともに同時に行われる。

　XB-70では、高速飛行により機体

に生じる摩擦熱が燃料に悪影響をおよぼさないように、燃料システムに冷却ループが設けられている。その概要は図に示したとおりで、冷却ループはエンジンの燃料供給ラインからブースト・ポンプによりもたらされ、第3燃料タンクの2基の冷却ループ・ポンプへとつながれている。第3燃料タンクのブースト・ポンプが故障した際には、チェックバルブがその機能を果たすようにされている。また主燃料供給ラインのチェック・バルブは、冷却ループを通じて冷却ループの逆流などを回避する（図1-7）。

　燃料冷却ループには熱交換器があって、温度を華氏260度（126.7℃）以下に保つようにされる。この熱交

6基のYJ93エンジンから黒煙をだして離陸するXB-70Aの1号機。当時のターボジェット・エンジンがアフターバーナーを使用した際にでる煙と騒音は、今日では想像もつかないレベルだったであろう（写真：アメリカ空軍）

換器は、スロットル・レバーの動きに対応して機能するもので、アイドル位置からアフターバーナー最小位置直前までの範囲で機能し、冷却ループに入る燃料を約華氏240度（115.6℃）から最大でも華氏255度（123.9℃）を超えないようにする。ただしアフターバーナー作動時には、その状況でもっとも効率的な温度になるように冷却される燃料の給油は、一点加圧給油口から行われる。

一点加圧給油口は、前方胴体右舷

図1-7　燃料冷却ループ

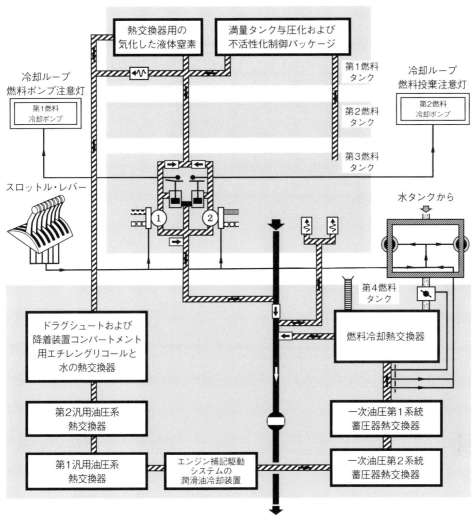

凡例:
- 冷却ループ燃料
- エンジンへの燃料供給路
- 一次油圧第1系統作動油
- 一次油圧第2系統作動油
- 油圧戻り
- 水
- オーバーロードした蒸気
- 温度計測プローブ
- 電気接続
- 機械結合
- 解放バルブ
- チェック・バルブ
- 圧力スイッチ
- 熱制御バルブ
- シャットオフ・バルブ
- 冷却ループ・ポンプ

の主脚収納室前方にある。これを使用する以外の、代替燃料搭載手法はXB-70には用意されていない。給油は自動方式により行われて、毎分600米ガロン（2,271L）の率で給油され

る。機内に燃料が入る前に気体化された液体窒素が燃料に注入されて、火災の発生などを防ぐ。燃料がタンクの一定量を満たすとシャットオフ・バルブが差動するようになって、

満タンになるとバルブが閉じてそれ以上の給油を不可能にする。一点加圧給油システムの概要は図1-8に示したとおりだ。

図1-8　一点加圧給油システムの構成

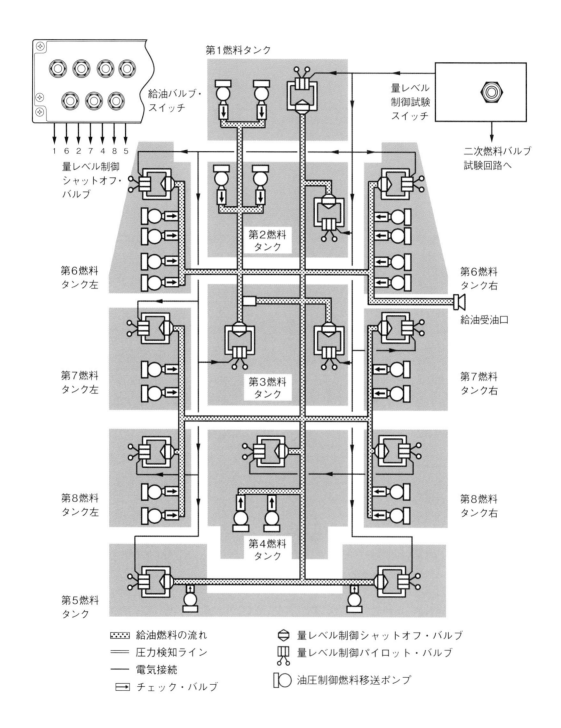

〈XB-70Aの詳細データ〉

● 主翼全体
総面積（胴体がカバーする面積は含むが主翼ランプ部の31.15m²は除く）　585.02m²
翼幅　32.00m（換算誤差0.01m）
アスペクト比　1.751
テーパー比　0.019
下反角　0度（1号機）/5度（2号機）
付け根（ステーション0）弦長　35.89m
翼端（ステーション630）弦長　0.6675m
平均空力翼弦長（ステーション213.85）　23.94m
胴体ステーション25%平均空力翼弦長
　41.18m
前縁後退角　65.57度
25%翼弦後退角　58.79度
後縁後退角　0度
翼端（折り曲げ線および外側）取りつけ角　0度
付け根翼厚比　0.30～0.70
主翼ステーション460から630
翼厚比　0.30～0.70

● 主翼内翼部
面積（胴体がカバーする面積は含むが主翼ランプ部の31.15m²は除く）　488.25m²
翼幅　19.34m
アスペクト比　0.766
テーパー比　0.407
下反角　0度（1号機）/5度（2号機）
付け根（ステーション0）弦長　35.89m
翼端（ステーション380.62）弦長　14.61m
平均空力翼弦長（ステーション163.58）
　32.95m
胴体ステーション25%平均空力翼弦長
　39.07m
前縁後退角　65.57度
25%翼弦後退角　58.79度
後縁後退角　0度
付け根翼厚比　0.30～0.70
翼端翼厚比　0.30～0.70
平均キャンバー（前縁）　0.15
　（主翼ステーション107まで）　4.40
　（主翼ステーション153まで）　2.75
　（主翼ステーション257まで）　2.60
　（主翼ステーション367から翼端まで）　0

● 主翼外翼部
面積（片側のみ）　48.39m²
翼幅　12.67m
アスペクト比　1.658
テーパー比　0.046
下反角　5度
付け根（ステーション467.37）弦長　14.61m
翼端（ステーション630）弦長　0.67m
平均空力翼弦長（ステーション467.37）　9.76m
前縁後退角　65.57度
25%翼弦後退角　58.79度
後縁後退角　0度
付け根翼厚比　0.30～0.70
翼端翼厚比　0.30～0.70
翼端下げ時の対主翼基準撓み角（前縁）1.5度/
　前縁下げ角3度
翼端部面積（片側のみ）　43.85m²（30度下げ）
　/20.44m²（70度下げ）

● エレボン（片側の寸法）
ヒンジライン後方の総面積　17.51m²（翼端上げ時）/12.30m²（翼端下げ時）
内側翼弦長　2.95m（翼端上げ時）/2.95m（翼端下げ時）
外側翼弦長　2.95m（翼端上げ時）/2.95m（翼端下げ時）
後退角（ヒンジライン）　0度
昇降舵としての作動角　-25度/＋15度
補助翼としての作動角　±15度あるいはそれ以下
昇降舵-25度時の補助翼作動角　±5度
全体作動角　±30度

● カナード翼
面積（胴体がカバーする13.96m²を含む）
　38.61m²
翼幅　7.26m
アスペクト比　1.997
テーパー比　0.388
下反角　0度
付け根（ステーション0）弦長　6.34m
翼端（ステーション73.71）弦長　2.46m
ステーション73.71平均空力翼弦長　3.92m
胴体ステーション25%平均空力翼弦長
　14.06m
前縁後退角　31.70度
25%翼弦後退角　21.64度
後縁後退角　-14.91度
取りつけ角（機首上げ時）　0～6度
付け根翼厚比　0.34～0.66
翼端翼厚比　0.34～0.66
主翼面積に対するカナード翼面積比　0.066

● カナード翼フラップ（片側）
面積（ヒンジライン後方）　5.08m²
カナード翼に対する面積比　0.263

● 合計垂直尾翼と方向舵（片側）
合計面積（ブランケット部の0.83m²を含む）
　217.36m²
翼幅　4.57m
アスペクト比　1
テーパー比　0.30
付け根弦長（垂直尾翼ステーション0）
　21.44m
翼端弦長（垂直尾翼ステーション180）
　2.11m
平均空力翼弦長（垂直尾翼ステーション73.85）
　5.01m
垂直尾翼25%翼弦の平均空力翼弦長　5.59m
前縁後退角　51.77度
25%翼弦後退角　45度
後縁後退角　10.89度
付け根翼厚比　0.30～0.70
翼端翼厚比　0.30～0.70
傾き角　0度
主翼に対する垂直尾翼面積比　0.037
方向舵作動角（脚下げ時）　±12度
　　　　　　（脚上げ時）　±3度

● 胴体（キャノピー含む）
全長　57.61m
最大厚（胴体ステーション878）　2.72m
最大幅（胴体ステーション855）　2.54m
側面積　87.30m²
平面積　110.70m²

● 車輪間隔
ホイールベース　13.83m
主脚トレッド　7.06m

● ダクト
全長　31.96m
最大厚（胴体ステーション1375）　2.31m
最大幅（胴体ステーション2100）　9.16m

● 高さ
全高　9.14m
地上から垂直尾翼基部まで　4.57m
地上から排気口底部まで　3.05m
地上から主翼下面まで　3.96m
地上から空気取り入れダクト底部まで
　2.13m
地上から空気取り入れ口底部まで　2.74m
地上から前方胴体底部まで　4.57m
地上からピトー管先端まで　7.72m

● 重量
空虚重量　115.033kg
総重量　236.351kg（兵装なし）
最大離陸重量　256,190kg

● エンジン
型式　ジェネラル　エレクトリックYJ93
ドライ時最大推力　88.6kN
アフターバーナー時最大推力　124.6kN
基数　6基

● 燃料
P.30参照

● 性能（計画値）
最大速度　1,787ノット（3,297km/h）
最大マッハ数　M＝3.1
巡航速度　1,738ノット（3,219km/h）
マッハ2での揚抗力比　約6
通常着陸速度　159ノット（294km/h）
実用上昇限度　23,576m
初期上昇率　8,367m/min
戦闘航続距離　3,725nm

図1-9　最小旋転半径と地上の安全クリアランス範囲

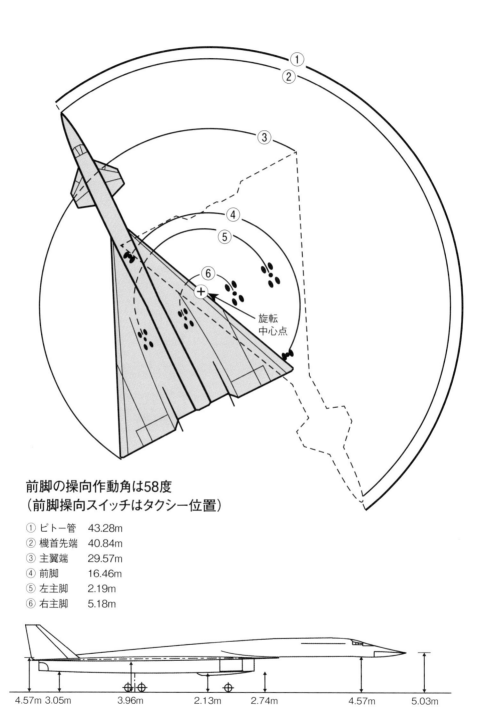

前脚の操向作動角は58度
（前脚操向スイッチはタクシー位置）

① ピトー管　　43.28m
② 機首先端　　40.84m
③ 主翼端　　　29.57m
④ 前脚　　　　16.46m
⑤ 左主脚　　　2.19m
⑥ 右主脚　　　5.18m

4.57m　3.05m　　3.96m　　2.13m　　2.74m　　4.57m　　5.03m

Major Systems

XB-70の
主要システム

超音速爆撃機コンベアB-58ハスラーと編隊飛行を行うXB-70A。バルキリーの飛行ではハスラーが随伴するケースが少なくなかった (写真：アメリカ空軍)

Major Systems
XB-70の主要システム

ほかの機種とはかなり異なる、XB-70が備えた独特の脱出システムや
操縦装置などを見ていくことにする。

第二次世界大戦後の
射出座席の進化

　Section Ⅳでも記すが、第二次世界大戦が航空機技術に大きな進化をもたらしたものの1つがジェット推進航空機の実用化であった。それと同時に航空先進国のドイツは、航空機から搭乗員を脱出させるための射出座席の開発も行っていて、ハインケルHe280に搭載して1942年に試験を行った。そして1944年には全戦闘機に射出座席を装備する指令がだされて、メッサーシュミットMe163コメー

ト、メッサーシュミットMe262、ハインケルHe162、ハインケルHe219、ドルニエDo335などが実際に装備して、実用化させていた。ドイツ以外で脱出システムに関する研究が進んでいたのはスウェーデンで、1942年にはサーブ17攻撃機での試験に成功し、1943年7月に初飛行したサーブJ21戦闘機に実用装備された（パワー不足でまた信頼性の乏しいものではあったが）。

　連合諸国による脱出装置の開発作業は終戦後に本格化し、今日では射出座席メーカーとして名声を獲得しているイギリスのマーチンベーカー

が初の地上での試験に成功したのは1945年1月24日のことであった。そして1946年7月24日には、グロスター・ミーティア戦闘機による空中試験にも成功して、1947年にイギリス空軍で全ジェット戦闘機用に正式に採用され流ことになった。

　こうして射出座席はジェット戦闘機の必需品となったが、アメリカ空軍はジェット爆撃機にも同様の装備が必要と考えて、装備を決めた。最初の大型戦略ジェット爆撃機であるボーイングB-47ストラトジェットは乗員が3人で、2人のパイロットが前

3人乗りのB-58では初めて、個々の乗員がカプセル方式で脱出する方式が採られた。高速飛行での脱出時に風圧で負傷しないための策であった
（写真：アメリカ空軍）

方胴体に前後配置の縦列で座り、最前部の機首部内に航法士／爆撃手が搭乗した。2人のパイロットには通常の上方射出式座席が用いられたが、航法士／爆撃手には上方に打ちだせるスペースがなかったため、下方に向けて射出する方式が採られたのである。

戦略爆撃機からの緊急脱出方法の難しさ

緊急時の脱出方法は、乗員数が多くなればそれだけ複雑になる。このため1950年代から60年代を通じて、乗員数が多い機種に対してはそれをまとめて脱出させる技術が研究された。個別に射出座席を備えるよりも1つのモジュールに収めて脱出させるほうが安全で、全員が生存できると考えられたのである。しかし座席よ

りもかなり大きなモジュールは、射出可能な飛行領域が狭くなって脱出に制限が生じ、また安定的に射出することは技術的に難しかった。このため安全な脱出が保証できず、最悪の場合は脱出できたものの、モジュール内で全員が命を落としてしまうことも考えられた。

また仮に脱出がうまくいって全員が無事に地上に降りたとしても、今度は全員がいっせいに捕虜になってしまうこともありうる事態であった。戦略爆撃機1機のクルー全員がまとめて捕虜になれば、敵にわたってしまう重要な情報も増える。この面からは、爆撃機の乗員が別々に脱出してバラバラに逃げたほうがよい（そのあとの救助・回収には手間を要するが）。このような一長一短はあるが、なによりも技術とコストの面から、3人以上ではモジュール方式の脱

出は用いられることはなかった。

乗員数が格段に多くなったのはボーイングB-52ストラトフォートレスで、標準的な乗員は5〜6人であった。前方胴体内では乗員の席は上部デッキと下部デッキに分けて設けられて、全員が個別の射出座席に座って各席に緊急脱出用のハッチがあり、そこから座ったまま射出するという方式が採られた。ただ前記した配置の関係から、場所によっては上方に射出できないため、下方に打ちだす席もあった。その結果、この方式では全員が同じ飛行状態中に脱出できるとはかぎらず、またほぼいっしょのタイミングで脱出することは困難で、乗員全員が助かる可能性は低下していた。

続く超音速機のコンベアB-58ハスラーは乗員数が3人と少なく、また全員が縦並びで座るようにできたた

エドワーズ空軍基地をタキシングするXB-70Aの2号機。シリアル・ナンバー以外に機首下面の色でも1号機と2号機の見分けが可能で、その部分が黒く塗られているのは2号機である（写真：アメリカ空軍）

め、全員を個別に上方射出する脱出方式が採られた。各乗員には個別のカプセルが用意されていて、脱出操作を行うと乗員はまずカプセルで覆われて、そのあとにカプセル全体が1つずつ射出するようにされていた。これは超音速飛行中に脱出することになった場合に、乗員を激しい風圧から防護することが目的であった。脱出方式は、基本的には縦列複座の練習機の脱出を3座席に拡張したもので、カプセル化以外では技術的には問題はなかったが、脱出の順番をきちんと守ることは必要であった。なおB-58の乗員は最小化が目指されたことから、座るのは前方からパイロット航法/爆撃手、防御システム操作員（DSO：Defense systems Operator）の3人という組み合わせであったが、各乗員の任務作業負荷は非常に大きかった。

XB-70の操縦室と乗員席の構造

　XB-70の乗員は、機長と副操縦士のパイロット2名だけで、操縦室に横並びで座る（機長が左席）。これはXB-70がB-70の開発用試験機であるからで、量産型であれば戦略爆撃機としての活動を可能にするためのレーダーや爆撃航法装置など各種電子機器類を搭載するのだが、それらをまったく装備していないので、その操作員を不要にしたことによるものだ。1950年代末であれば任務用電子機器にはそれぞれ専任の操作員を必要としていたから、実用機になれば乗員数はもっと増えたはずだ。ただ試験機であったため、それらに対する対応策は盛り込まれていない。1960年3月15日に初飛行した超音速爆撃機のコンベアB-58ハスラーは乗員の最小化を目指して3人で済ませており、また1974年12月23日に初飛行したロックウェルB-1も、可変後退翼を使ったB-58よりも複雑で大型の機体だったが、乗員はパイロット2人と戦闘システム操作員（CSO：Combat Systems Officer）2人の計4人ですませている。

　XB-70の2人のパイロットは、1つの密閉された操縦室コンパートメント内に搭乗し、そのコンパートメント内ではB-58と同様に個々のパイロット2人分のスペースの射出座席がカプセル化されるようになっていて、緊急時にはカプセル全体が機体から射出されることで、2人が同時に脱出するようにされていた。

図2-1　脱出可能範囲

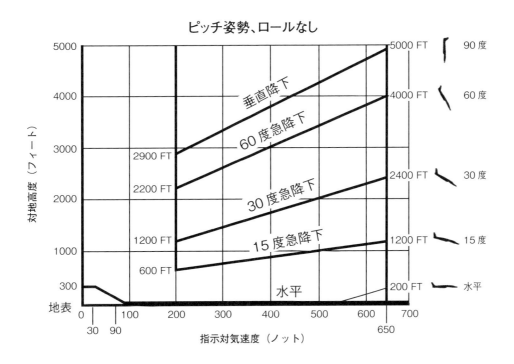

ピッチ姿勢、ロールなし

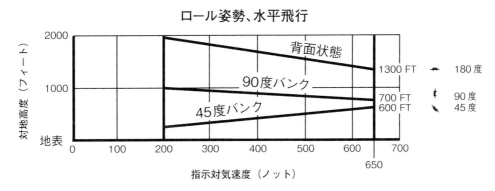

ロール姿勢、水平飛行

　XB-70の2人のパイロット席はともに、座席と脱出カプセルを組み合わせたものになっていて、乗員を保護しながらの脱出が可能にされている。カプセルはまた、緊急時でも飛行中において与圧を提供する。このカプセルによる脱出可能な速度や機体の姿勢などについては、**図2-1**に示したとおりだ。またパイロットが座る座席はカプセルに統合化されていて、

図2-2のような構成になっている。

　双方の座席は同一で、膝ベルトと結ぶバックルがついた拘束ハーネスおよびショルダーハーネスと胸部ストラップが備わっている。また座席にあるレバーにより、慣性リールが制御される。座席には体型にあうクッションがあって、またエネルギー吸収素材によるヘッドレストとアームレストがある。座席は電動式

で上下方向の位置の調節を行え、折り畳み式のアームレストの上げ下げを加えてパイロットが好みの位置にセットできる。座席の下側先端部には、パイロットの解放ブロックがある。この部分にはまた「グリーン・アップル」と呼ばれる緑色で塗られた緊急時用酸素ボトルがある。カプセル化が開始される際には、座席はカプセル内に引き込まれてまた座席

図2-2 脱出カプセルの概要

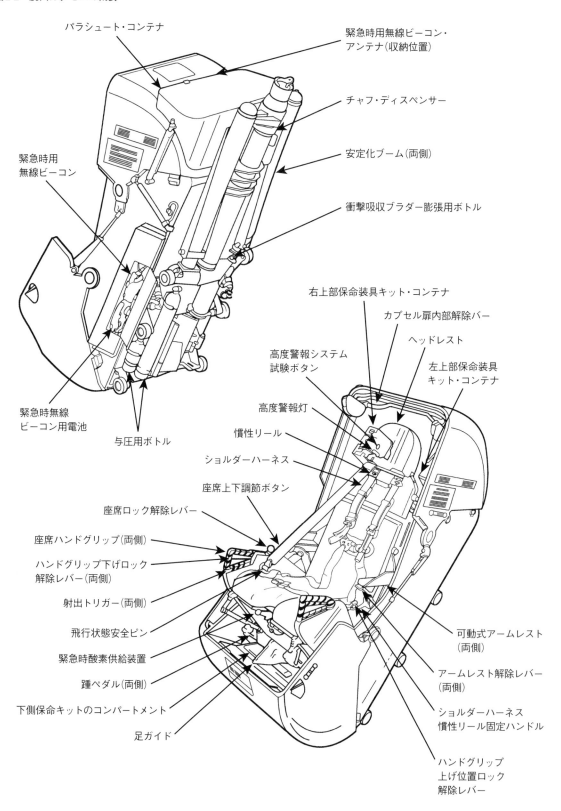

パラシュート・コンテナ

緊急時用無線ビーコン・アンテナ(収納位置)

チャフ・ディスペンサー

安定化ブーム(両側)

緊急時用無線ビーコン

衝撃吸収ブラダー膨張用ボトル

右上部保命装具キット・コンテナ

カプセル扉内部解除バー

ヘッドレスト

高度警報システム試験ボタン

左上部保命装具キット・コンテナ

高度警報灯

慣性リール

ショルダーハーネス

緊急時無線ビーコン用電池

与圧用ボトル

座席上下調節ボタン

座席ロック解除レバー

座席ハンドグリップ(両側)

ハンドグリップ下げロック解除レバー(両側)

射出トリガー(両側)

飛行状態安全ピン

緊急時酸素供給装置

踵ペダル(両側)

下側保命キットのコンパートメント

足ガイド

可動式アームレスト(両側)

アームレスト解除レバー(両側)

ショルダーハーネス慣性リール固定ハンドル

ハンドグリップ上げ位置ロック解除レバー

図2-3　脱出カプセルの装備品

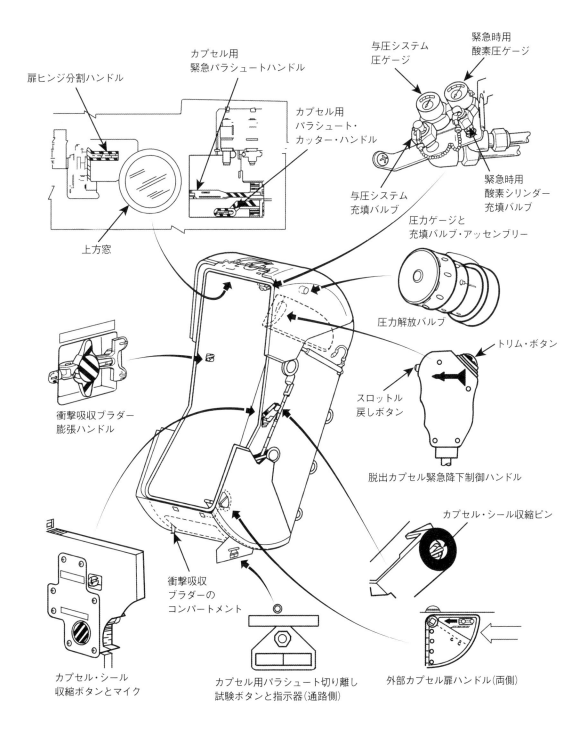

扉ヒンジ分割ハンドル

カプセル用
緊急パラシュートハンドル

カプセル用
パラシュート・
カッター・ハンドル

与圧システム
圧ゲージ

緊急時用
酸素圧ゲージ

上方窓

与圧システム
充填バルブ

緊急時用
酸素シリンダー
充填バルブ

圧力ゲージと
充填バルブ・アッセンブリー

圧力解放バルブ

トリム・ボタン

スロットル
戻しボタン

衝撃吸収ブラダー
膨張ハンドル

脱出カプセル緊急降下制御ハンドル

カプセル・シール収縮ピン

衝撃吸収
ブラダーの
コンパートメント

カプセル・シール
収縮ボタンとマイク

カプセル用パラシュート切り離し
試験ボタンと指示器(通路側)

外部カプセル扉ハンドル(両側)

図2-4　脱出カプセルの操作

手順

1 いずれかのハンドグリップを引くと座席が引き込まれて
踵ペダルがカプセル化される

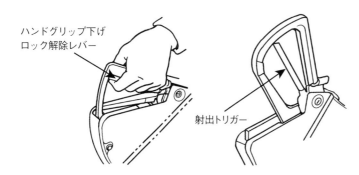

ハンドグリップ下げ
ロック解除レバー

射出トリガー

2 射出のためにいずれかの
トリガーを引く

[1]と[2]は脱出に必要な手順
時間や状況が許せば、カプセル化と
脱出前に次のことを行っておく
- あらゆる周辺装備をしまっておく
- カプセル注意灯のスイッチを
  オンにして注意灯の点灯を確認
- (機長は)インターコムで副操縦士に連絡
- カプセル化が終わったら脱出に備えて
  力を入れる
  ・腕をアームレストに置く
  ・身体を伸ばす
  ・頭をヘッドレストにつける

射出後
- カプセル用パラシュートは
  15,500フィート(4,724m)で開く
- カプセル用パラシュートが
  開かなければ高度警告灯が点くので
  緊急ハンドルを引く
- 衝撃吸収ブラダーを目視で確認
  できないときは、着地が迫った
  時点で衝撃吸収ブラダー膨張ハンドルを引く

警告

パラシュートが破損する可能性が
あるので15,500フィート以上で
開傘してはいけない

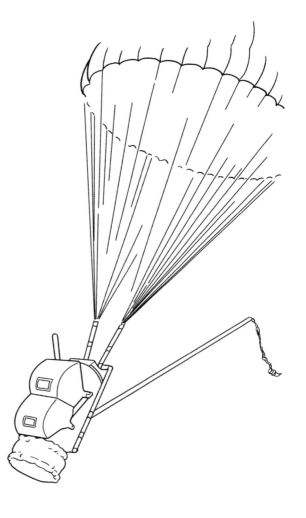

図2-5　脱出カプセルからの脱出

カプセルの着地と脱出（陸上の場合）

1 カプセルが接地したら、カプセルが引きずられるのを
避けるためカッター・ハンドルを上げる
（その前に緊急パラシュート・ハンドルを
上げておかなくてはいけない）

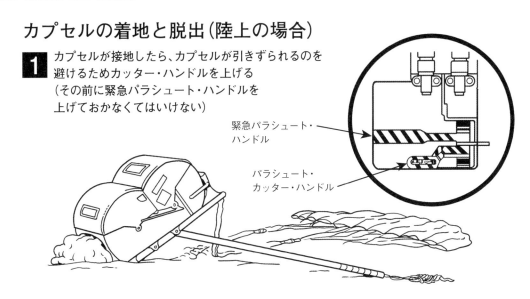

緊急パラシュート・
ハンドル

パラシュート・
カッター・ハンドル

2 シール収縮ボタンを押す

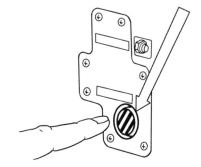

3 機内扉開放バーを弾いて押し上げ、
上方扉を開ける。
扉が開かなければ[4]に進む

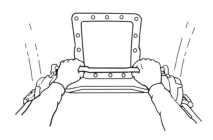

4 扉ヒンジ分割ハンドルを引いて扉をこじ開ける

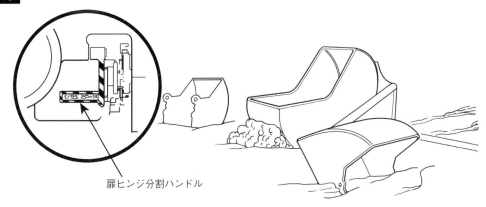

扉ヒンジ分割ハンドル

の前方下部が上方に回転して、足を適正な位置にもち上げる。座席の展張と収納は、座席右のコンソールにあるレバーを解放することで手動で行うことを可能にする。

ヘッドセットの下側には、ガス駆動式の多方向型ショルダーハーネス慣性リールがあって、自動的にロックされているが、リールロック・リングを使って手動操作にすることもできる。このリールは、ストラップがどの方向に対しても2Gから3Gの力で引っぱられると、自動的にロックをかける。これは、ストラップが引っぱられたときとリールに荷重がかかったときにのみ機能し、カプセル化に際して座席が引き込まれたときにも慣性リールが引き込まれて、ショルダーハーネスをロックする。

図2-2に示したように脱出カプセルには座席が含まれていて、乗員を安全に脱出できるようにされている。カプセルの弾道ロケット・カタパルトが必要な射出推進力を提供し、また各カプセルには酸素および与圧システムが備わっている（**図2-3**）。カプセルはいかなるときでも手動で閉じることが可能で、ハンドグリップをもち上げてペダルの踵部分を踏むとカプセル化が行われて、操縦桿は自動的にカプセル内に引き込まれる。カプセルの扉は2枚のクラムシェル（貝殻）型で、上から下までを完全に覆う。カプセル扉が閉じると、カプセルシールが自動的に膨らんで隙間をなくし、与圧装置を作動させる。カプセル化前にインターコムと味方識別装置をセットしておくと、インターコムのマイクは「オン」が維持されて通話が行え、脱出に際して敵味方識別装置が機能する。カプセルには緊急時カプセル制御グリップがあって、そこにあるボタンでカプセルの

降下などを制御できる。カプセル扉には窓がついていて、外部やパラシュート、衝撃吸収袋（ブラダー）の状態などを目視で確認できる。慣性リールを解放すれば、より窓に近づいて外部を見ることが可能になる。

脱出に際しては、安定ブームが自動的に展張されてカプセルの安定を保つようにされ、続いて小型のパラシュートが開傘する。脱出が15,000フィート（4,572m）以上で行われた場合は、カプセルがこの高度に到達するまで主傘は開かない。それ以外の場合は、事前に設定された高度まで降下すると補助傘がでて主傘を引きだす。パラシュートの作動は「自動」が基本だが、必要があれば「手動」に切り替えることも可能である。カプセル底部にあるブラダーは、パラシュートの開傘作動中に自動的に膨らむ。このブラダーは、地上あるいは水面に接触するとその衝撃でしぼみ、これによりリバウンドを回避する。

カプセルの背部には2本の展張式ブームがあって、脱出時に自動的に伸びることでカプセルを空力的に安定させる。回収用のパラシュートが開かれると、ブームはこのときも自動的に元に戻る。ブームが伸びてから安定化が始まるまでには1〜1.5秒の時間差がある。カプセルの底部にあるブラダーは、20.69MPaの空気圧により膨張が行われ、通常状態では完全に膨らむまでに4秒を要する。

脱出カプセルの高度警報システム

脱出カプセルには電池作動の高度警報装置が備わっていて、脱出後にパラシュートの開傘高度（15,500 ± 500フィート = 4,724 ± 1,524m）まで降下すると警報灯が点灯する。この

装置は脱出操作が行われると機械的に機能を開始し、気圧高度を検出して気圧スイッチにより警報灯を点灯する。この装置は飛行前に目視点検しておかなければならない。各カプセルには3個の保名キットが収められていて、2個は小型のスーツケース型でヘッドレストの両脇に1個ずつあり、もう1個は大きいものでカプセルの床面下にある。

座席のカプセル化と脱出の開始は、座席のハンドグリップをもち上げることで開始される。ハンドグリップを回すと、各ハンドグリップの左右の最後部に射出トリガーがあるのが見える。ハンドグリップを上げると機械的なリンクによって射出システムへの点火が行われる。この始動装置により座席がカプセル内に引き込まれて固定され、ショルダーハーネスをロックするとともに操縦桿を自由な動きにしてカプセル内に収める。射出トリガーは**図2-4**に示したとおりで、各ハンドグリップの下側に安全ガードがついている。ハンドグリップをもち上げるとトリガーが露出するが、トリガーが作動する前に座席はカプセル内に入っていなければならない。ハンドルグリップをもち上げ、座席がカプセル内に収まると左右いずれかのトリガーが作動して点火が行われて、カプセルの上にあるハッチが吹き飛ばされ、カプセルはカタパルト・カートリッジにより射出される。

XB-70操縦室からの脱出

脱出が可能な速度域と高度域および機体の姿勢は先の**図2-1**に、脱出操作後の流れは**図2-4**と**図2-5**に示したとおりだ。なお、脱出時の不意の負傷を避けるために、緊急降下制御

パラシュートを開いて降下する
XB-70の脱出カプセルの試験モデ
ル。2人の乗員は個別にカプセル化
されて脱出する方式であった。カプ
セル中央部から斜め上に延びている
2本の棒は、カプセルの姿勢制御用
の装備品で、それぞれの先端に小さ
なパラシュートがある
(写真：ノースアメリカン)

ハンドルはかならずしまっておく。
　脱出は、次の手順で開始する。

1. 脱出命令（機長）
　インターコムまたは脱出警報灯ボ
　タンを押して副操縦士に脱出を伝
　える。
2. カプセル化（機長、副操縦士双方）
　いずれかのハンドドリップを引き
　上げることでカプセル化を開始す
　る。座席を引き込み、両足を正規
　の位置に戻す。
3. 脱出（副操縦士）

a. 脱出指令を聞くか見るかする。
b. 脱出前に機長がカプセル化され
　ていることを確認する
c. 一方あるいは双方のトリガーを
　操作する。
4. 脱出（機長）
　副操縦士が脱出したら1秒間
　待っていずれかのトリガーを
　使って脱出する。

　脱出後は、カプセルの降下に従っ
て、着地前に次のことを行う。
1. パラシュートの展開の確認。

設定高度（15,500 ± 500フィート＝
4,724 ± 1,524m）に達して警報灯が
点灯したら、カプセル上部の窓か
ら展開を目視で確認する。展開し
ていないとき、あるいは目視確認
ができない場合は、緊急パラ
シュート・ハンドルを引く。

<警告>
・高度15,000フィート（4,724m）以上
　あるいは警報灯点灯前に緊急パラ
　シュートが損傷を受ける可能性が
　あるため、緊急パラシュート・ハン

ドルを引いてはいけない。

・緊急パラシュート・ハンドルを引いたらしっかりと固定し、カッター・ハンドルがでていて固定されていることを確認する。

・カッター・ハンドルに触れてはいけない。

2. 衝撃吸収ブラダーの膨張を確認。パラシュートの展開後に下側扉の窓から適正に膨らんでいるかを確認する。膨らんでいなければ、衝撃吸収ブラダー膨張ハンドルを引く。

<警告>

着地前に、ラップベルトとショルダーハーネスをしっかりと締めておくこと。

カプセルが着陸したら、次のことを行う。

1. カッター・ハンドル−引く
   カプセルがパラシュートで引きずられることを避けるため。

2. シール自己収縮ボタン−押す

3. 扉−開く
   a. 扉ハンドルを引いてから押し上げて、上方扉を上げる。カプセルの姿勢が扉を開けない状態のときにはbを試す
   b. 必要がある場合には、ヒンジ分離ハンドルを引く

4. 必要があれば保命装具を外す
   水上に降りた場合には、カプセルはフロートにより扉を上にして安定し、またカプセルの頂部と底部は救助隊が発見しやすい色に塗られている。必要な保命装具はすべてカプセル内にあるので、救助隊が到着するまでカプセル内に止まることを推奨する。

カプセル着水後の手順は次のとおり。

1. カッター・ハンドル−引く

<注意>

・緊急パラシュート・ハンドルが使われていないときには、カッター
・ハンドルを引けるようにするため、そのハンドルも引く
・カプセル自体に問題がなければ、2に進む。

2. 換気プラグ−外してそのまま

3. カプセル扉−閉じたまま
   カプセル扉は閉じたままにしておき、シール自己収縮ボタンは押さない。ただし、カプセルをすぐに放棄しなければならないときにはその手順に進む。

4. カプセル放棄の準備
   a. ペダルから足を離しながらペダルを引く
   b. 足ガイドを外す
   c. 下側保命装具コンパートメントを空ける
   d. 2つのパッケージを取りだす。「救命筏（LIFE RAFT）」と書かれているものを開く。もう1つにはそのほかの保命装具品が入っている
   e. 暖かい衣類が必要であれば、左右上方にある保命装具品コンテナから取りだす

洋上のカプセルからの出方は次のとおり。

1. シール自己収縮ボタン−押す

2. 扉−開く
   a. 扉ハンドルを引いて押し上げ、上方扉を上げる。下方セルを放棄する場合にはbに進む
   b. 必要があればヒンジ分離ハンドルを引く。ハンドルを下げ

ると各扉のヒンジピンが外れるので、手で押し開けられるようになる。

3. カプセルの放棄
   必要があれば救命筏を使用する。
   a. フックや係維索を用いて筏を近づける
   b. 筏をカプセルの外で膨らませる
   c. 保命装具分を筏に乗せる
   d. 慎重に筏に乗り移る

ほかの爆撃機の脱出方法

なおアメリカで操縦室モジュール全体で脱出する方式を最初に採用したのは、可変後退翼戦闘爆撃機のジェネラル・ダイナミックスF-111アードバークであった。モジュール全体を機体から放出し、一定の高度からパラシュートによる減速降下を行う方式で、これは派生発展型のFB-111やEF-111レイブンにも受け継がれた。ただF-111は操縦室乗員は2人で、そのモジュールは比較的小型であった。XB-70の操縦室はF-111よりもかなり広くなったが、同様の脱出方式を用いることとする一方で、モジュールを極力小さくするために、カプセル方式が組み合わされ流ことになった。

またXB-70以降の爆撃機の脱出方式を簡単に記しておくと、可変後退翼を用いたロックウェルB-1では、試作機には乗員4人を1つのカプセル・モジュールで脱出させる方式が採用されており、量産型B-1Aにもこの方式が用いられる予定だった。しかし機構やシステムが複雑で、B-1のコスト上昇の一因ともなったことから、計画の見直し後に生産することになったB-1Bランサーでは、4人の乗員が独立した射出座席に座って、個別に脱出する一般的な方式に変更さ

図2-6　地上脱出ハッチ

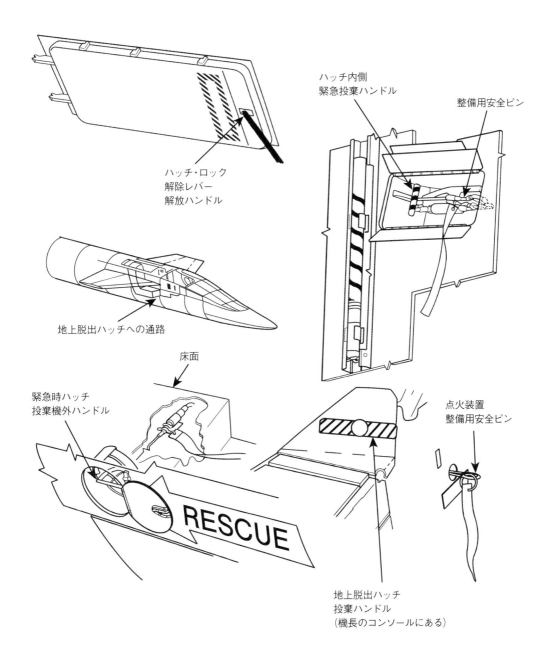

ハッチ内側
緊急投棄ハンドル

整備用安全ピン

ハッチ・ロック
解除レバー
解放ハンドル

地上脱出ハッチへの通路

床面

緊急時ハッチ
投棄機外ハンドル

点火装置
整備用安全ピン

RESCUE

地上脱出ハッチ
投棄ハンドル
（機長のコンソールにある）

れている。
　続く全翼のステルス爆撃機ノースロップ・グラマンB-2スピリット、そして最新の同じくノースロップ・グラマンのB-21レイダー全翼爆撃機は

ともに2人乗りで、乗員は個別の射出座席で横並びで座っている。
　もちろん搭載電子機器の進歩により、前記したように今日のアメリカの戦略爆撃機は2人乗務化を実現で

きているので、脱出は通常の射出座席方式になっている。

▌地上脱出ハッチと脱出手順

出発準備や帰投後など、機体が地上にある状態で緊急事態が起きた場合用に機体には地上脱出ハッチが備わっている。ハッチは、機内に3つある「T」字型ハンドルのいずれかを引くことで機外に投棄される。ハッチ扉には20フィート（6.10m）のロープがついているので、それ以上離れていれば地上の作業員などにぶつかることはない。ハッチの概要は図2-6に示したとおりで、また降機用のロープも備わっている。加えて側には消火器があって、150〜175psi（1,034〜1,207kPa）後からでグリップを握ると消火剤を放出できる。

地上で火災やエンジン停止などの緊急事態が起きた場合には、乗員はすみやかに機体から離れなければならない。その際の脱出手順は次のとおり。

1. 飛行状態安全ピン−差し込み
2. 乗降扉−開
3. 地上脱出ハッチ−投棄（乗降扉が開かない場合）
4. 梯子またはロープで降機
5. 降機用装具−機体から外す
6. 機体周囲をクリアにする

XB-70は研究用試作機という位置づけで製造されたため、爆撃機向けの任務用装備品はほとんど搭載されない。このため運航乗員も機長と副操縦士のパイロット2人だけである。

XB-70Aの1号機。車輪の外側が銀色に塗られているのには、熱膨張によるバーストを避けるためで、ロッキードSR-71でも同じ手法が採られていた
（写真：アメリカ空軍）

両パイロットは、緊急時にカプセル化される座席に座っている以外は、旅客機をはじめとする当時の多くの大型機と同様に横並びで座って操縦を行うようにされていた。各種の計器やスイッチ類は、機長席と副操縦士席正面の計器盤に配置され、また両席の間には中央コンソールがあって、そこにスロットル・レバーやフラップ・ハンドルが備わっている点もほかの大型機と同様である。

XB-70の計器類

機長席前と副操縦士席前の計器盤には速度や高度、姿勢などの基本的な飛行情報を示す計器があって、今日主流となっている画面表示式で統合化表示を行える電子飛行計器が誕生する前の機種であるから、当然在来型の計器類が多数並ぶ形になっている。副操縦士席計器盤の燃料タンク順番表示器は画面式表示器に似たものが使われているが、単色のきわ

めて初歩的なものだ。

機長用計器盤と副操縦士用計器盤の間には中央計器盤があって、在来型計器によるエンジン関連計器が配置されている。またこの計器盤の下側ほぼ中央に、降着装置操作ハンドルがある。

旅客機などでは機長席と副操縦士席の間の天井部に、消火装置を含む各種のシステムを操作するための、比較的大きなオーバーヘッド・パネルがあるが、XB-70には装備されて

図2-7　乗員コンパートメントの概要

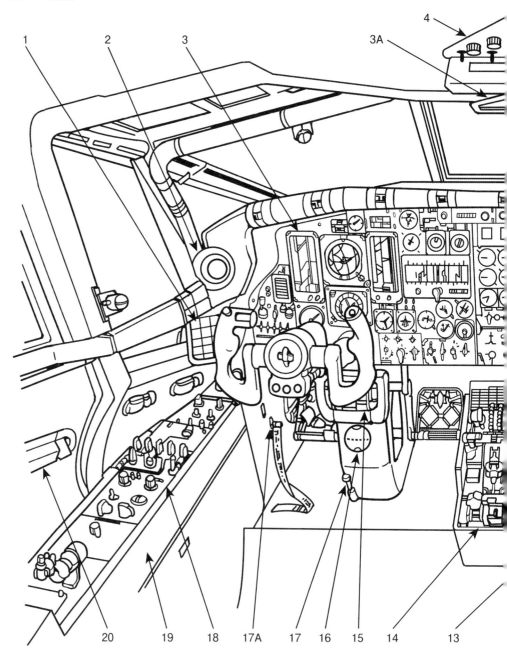

1. 調節可能な機長用空気放出口	6. 副操縦士用計器盤
2. 機長用円形空気放出口	6A. 曇り止めシステム用スイッチ
3. 機長用計器盤	7. 固定空気放出口
3A. 緊急時用手動降着装置レバー（1号機のみ）	8. 副操縦士用サイド・コンソール
4. オーバーヘッド・パネル	9. 調節可能な副操縦士用空気放出口
5. オーバーヘッド・パネル用照明	10. 方向舵ペダル調節ノブ（両席）

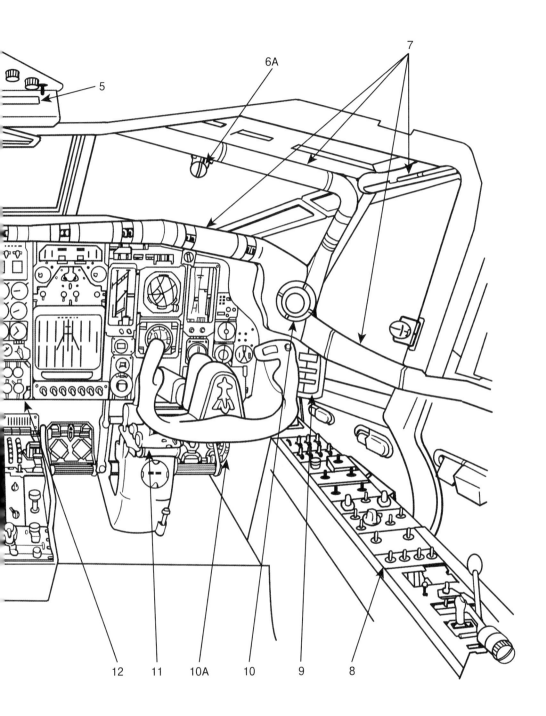

11．　操縦輪解除ペダル（両席）
12．　中央計器盤
13．　コンソール解除ハンドル
14．　中央コンソール
15．　調節可能型空気放出口（両席）
16．　方向舵ペダル調節ノブ（両席）

17．　操縦輪解除ペダル（両席）
18．　機長用サイド・コンソール
19．　換気用隔壁
20．　コンソール用照明

図2-8　機長用計器盤

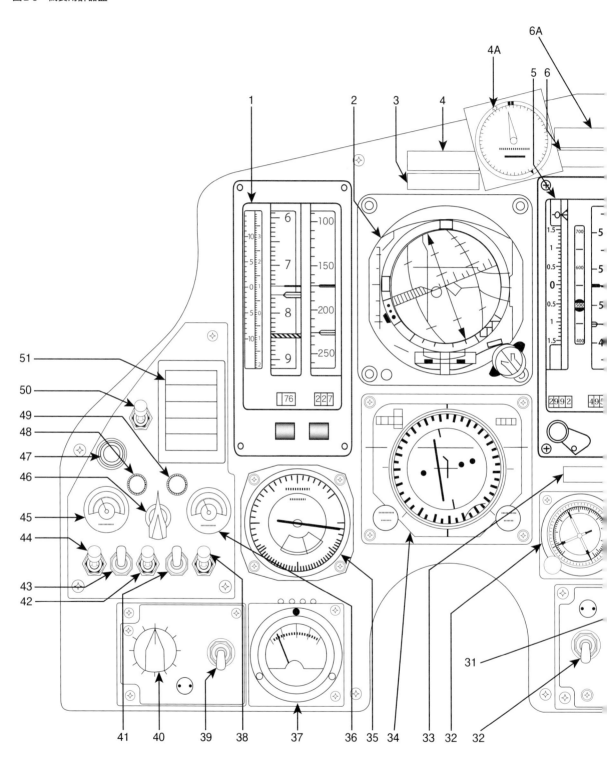

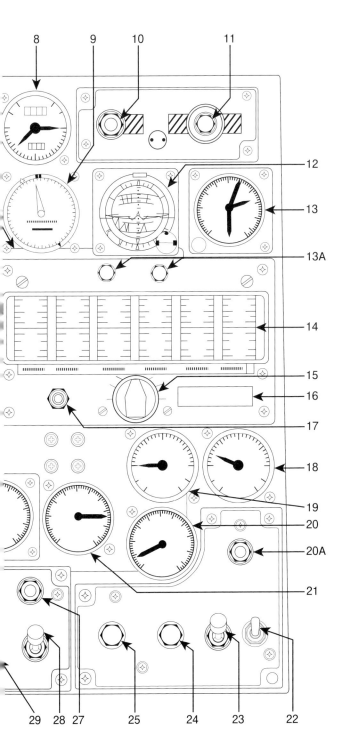

1. 対気速度計 / マッハ計
2. 姿勢指示器
3. 機内気圧42,000フィート（12,802m）
　 超過注意灯
4. 乗員脱出カプセル指示灯
4A. 昇降加速度計
5. 高度 / 昇降計
6. 主注意灯
6A. 前輪操向可能指示灯
7. チャート指示器
8. 全温度ゲージ
9. 横滑り計
10. 脱出装置カプセル化注意灯スイッチ
11. 脱出警報灯ボタン
12. 予備姿勢指示器
13. 予備高度計
14. エンジン補機駆動装置震動注意灯
15. エンジン補機駆動装置震動記録
　　選択スイッチ
16. エンジン補機駆動装置震動注意灯
17. エンジン補機駆動装置振動試験ボタン
18. 液体酸素残量ゲージ
19. 電子機器コンパートメント温度計
20. 水残量ゲージ
20A. 残量計試験ボタン
21. アンモニア残量計
22. 換気ファン用スイッチ
23. 換気ファン保護オーバーライド・スイッチ
24. 操縦室空気スイッチ
25. 抽出空気スイッチ
26. 操縦室気圧高度計
27. 予備ジャイロ迅速再立ち上げスイッチ
28. 姿勢指示器選択スイッチ
29. 飛行指示器モード選択スイッチ
30. 指示操縦スイッチ
31. 飛行指示装置の高度保持スイッチ
32. 時計
33. 主ビーコン指示灯
34. 水平状況指示器
35. 予備対気速度計
36. アナログテープ確認指示器
37. 交流電圧計
38. 分配パッケージ冷却システム
　　選択スイッチ
39. 交流電圧位相選択スイッチ
40. 交流電圧バス選択スイッチ
41. カメラ・スイッチ
42. 計測主スイッチ
43. テレメトリー送信スイッチ
44. デジタル記録装置選択スイッチ
45. デジタルテープ確認指示器
46. 記録システム選択スイッチ
47. 記録装置リセット・ボタン
48. デジタル記録装置指示灯
49. アナログ記録装置指示灯
50. 間隔記録スイッチ

図2-9　副操縦士用計器盤

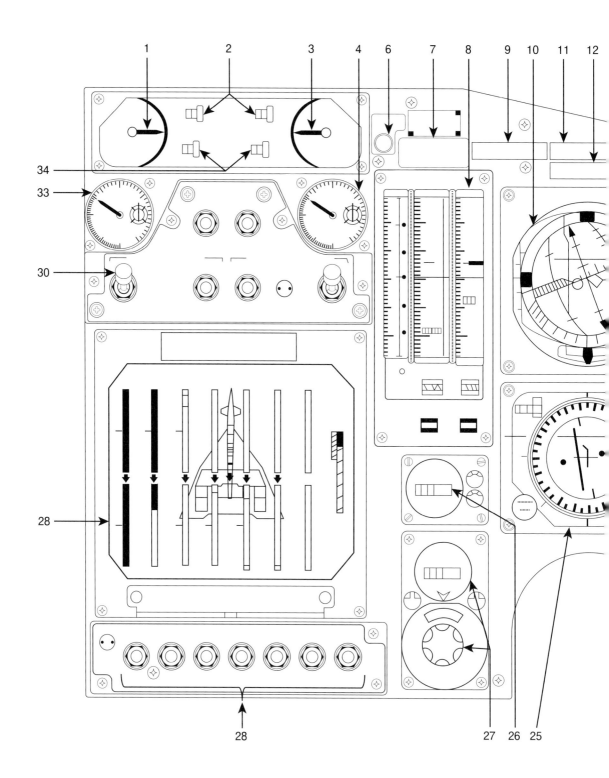

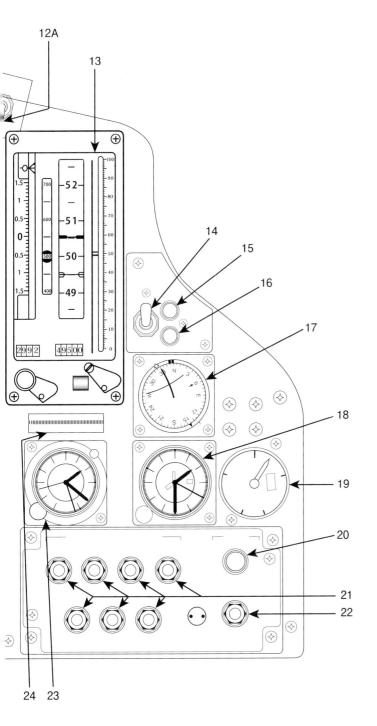

1. 左空気取り入れ口
   衝撃波位置指示器
2. 左右空気取り入れ口開口部
3. マッハ・スケジュール指示器
   左右空気取り入れ口
   衝撃波位置指示器
4. 右空気取り入れ口圧縮比計
5. 欠番
6. バッテリー切り替え器指示灯
7. 脱出警報灯
8. 対気速度／マッハ指示計
9. 主注意灯
10. 姿勢指示計
11. カプセル化注意灯
12. 機内気圧42,000フィート（12,802m）
    超過注意灯
12A. 着陸カメラ・スイッチ
13. 高度／昇降計
14. 計測記録スイッチ
15. アナログ記録装置指示灯
16. デジタル記録装置指示灯
17. 予備対気速度計
18. 予備高度計
19. 液体窒素残量計
    （燃料圧および不活性化システム）
20. 液体窒素残量計試験ボタン
21. 給油バルブ・スイッチ
22. 燃料残量計試験スイッチ
23. 時計
24. 主ビーコン指示灯
25. 水平状況指示器
26. 全燃料指示計
27. 選択燃料タンク残量計
    および選択ノブ
28. 燃料移送ポンプ・スイッチ
29. 燃料タンク順順序指示器
30. 流入空気取り入れ制御システム
    （AICS）スイッチ
31. 欠番
32. 欠番
33. 左空気取り入れ口圧縮比計
34. 左右空気取り入れ口
    バイパス域指示計

図2-10　中央計基盤

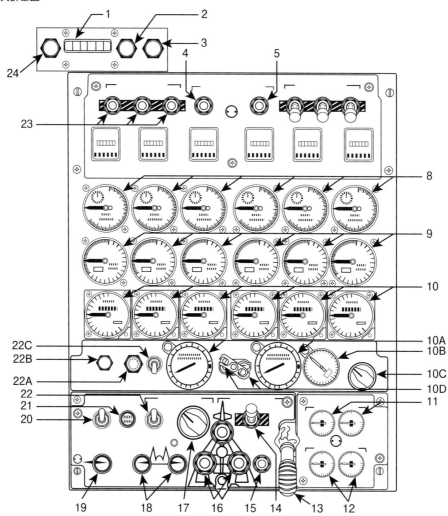

1. 相関カウンター
2. 相関時計およびカウンター・リセットボタン
3. アナログ記録装置指示灯
4. 消火剤散布スイッチ（第1、第2、第3エンジン）
5. 消火剤散布スイッチ（第4、第5、第6エンジン）
6. 緊急エンジン停止スイッチ
7. 火災警報灯/エンジン停止ボタン
8. エンジン回転計
9. 排気温度計
10. 一次排気口位置指示器
10A.油圧作動油タンク残量計
10B.油圧作動油タンク内液体窒素残量計
10C.油圧作動油タンク圧力選択スイッチ
10D.油圧作動油タンク残量選択スイッチ
11. 一次油圧システム作動油圧計

12. 汎用油圧システム作動油圧計
13. 降着装置操作ハンドル
14. 緊急時降着装置下げスイッチ
15. 降着装置警報音システム解除ボタン
16. 降着装置位置灯
17. 主翼端位置選択装置スイッチ
18. 主翼端位置指示計
19. フラップ位置指示計
20. 前脚灯スイッチ
21. 横方向錘指示計（1号機のみ）
22. 主翼端折り曲げモード・スイッチ
22A.機内録音装置指示灯
22B.車輪ブレーキモード・スイッチ
22C.機内録音装置スイッチ
23. 緊急時エンジンブレーキ・スイッチ
24. デジタル記録装置指示灯

図2-11　オーバーヘッド・パネルと緊急時降着装置レバー

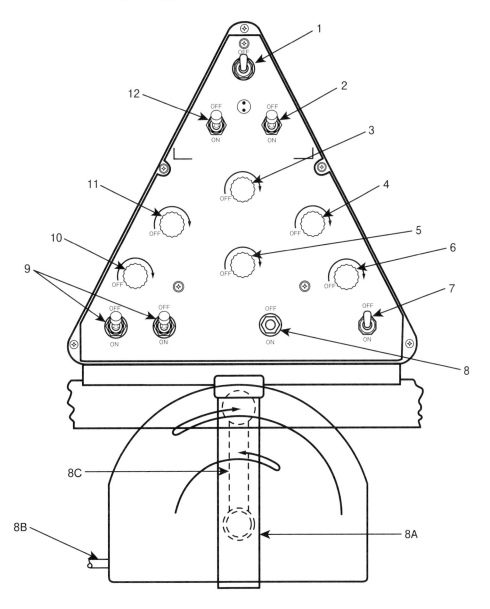

1. 輔助着陸／タクシー灯スイッチ
2. 航法灯スイッチ
3. オーバーヘッド／ペデスタル／
   コンソール指示灯スイッチおよび調節器
4. コンソール照明スイッチおよび調節器
5. エンジン計器指示灯スイッチ
6. 副操縦士用飛行計器直接照明スイッチ
   および調節器
7. エンジン地上始動スイッチ
8. 緊急時発電器スイッチ

8A. 緊急時降着装置レバーの防護ガード
8B. 電子機器コンパートメント
    操作ハンドル接続部
8C. 緊急時降着装置手動作レバー
9. 一次発電器スイッチ
10. 機長用飛行計器直接照明スイッチ
    および調節器
11. 計器盤照明スイッチおよび調節器
12. 衝突防止灯スイッチ

図2-12 中央コンソール

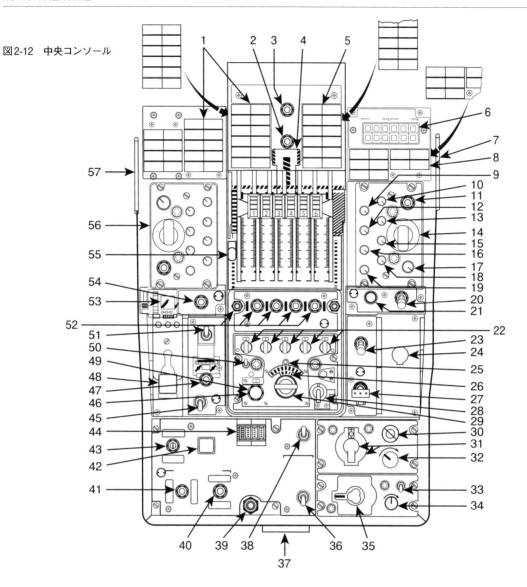

1. 注意・勧告灯パネル
2. 注意・勧告灯輝度スイッチ
3. 注意・勧告灯試験スイッチ
4. エンジン速度超過制御レバー
5. 注意・勧告灯パネル
6. 油圧ポンプ状態指示灯
7. UHF 無線機周波数カードホルダー
8. スロットル
9. 使用中マイク音量調節ノブ
10. 使用中マイクのオン / オフ・スイッチ
11. インターコム呼びだしボタン
12. 第 2UHF 無線機ミキサー・スイッチ
13. マーカービーコン・ミキサー・スイッチ
14. 機能選択スイッチ
15. 計器着陸装置ミキサー・スイッチ
16. 第 1UHF 無線機ミキサー・スイッチ
17. 主音量調節ノブ
18. TACAN ミキサー・スイッチ
19. インターコム・ミキサー・スイッチ
20. 空中エンジン始動スイッチ

21. スロットル・リセット・ボタン
22. VHF 無線機周波数手動選択ノブ
23. エンジン回転数ロックアップ・スイッチ
24. ドラグシュート展張ハンドル
25. UHF 無線機周波数手動操作 /
　　事前設定カード指示器
26. UHF 無線機チャンネル指示器
27. 降着装置灯スイッチ
28. UHF 無線機器脳スイッチ
29. UHF 無線機チャンネル選択ノブ
30. TACAN 機能スイッチ
31. TACAN チャンネル選択スイッチ
32. TACAN 音量調節ノブ
33. 計器着陸装置電源スイッチ
34. 計器着陸装置音量調節ノブ
35. 計器着陸装置周波数選択ノブ
36. UHF 無線機アンテナ選択スイッチ
37. コンソール解除ハンドル
38. 飛行増強操作システム速度安定スイッチ
39. 飛行増強操作システム作動ボタン

40. 予備トリム・ロールトリム・
　　スイッチ
41. 予備ピッチトリム・スイッチ
42. 離陸トリム・ボタン / 指示灯
43. ヨートリム・スイッチ
44. 一次ヨートリム・ノブ
45. 前輪操向獲得スイッチ
46. UHF 無線機音量調節ノブ
47. 前輪操向選択スイッチ
48. フラップ操作ハンドル
49. UHF 無線機送信出力調節ノブ
50. UHF 無線機変調選択スイッチ
51. 車輪ブレーキ操作スイッチ
52. 代替スロットル・スイッチ
53. 車輪ブレーキ保持スイッチ
54. 車輪ブレーキ試験スイッチ
55. スロットル摩擦力調節レバー
56. インターコム・パネル
57. UHF 無線機周波数
　　カードホルダー

図2-13　機長席サイド・コンソール

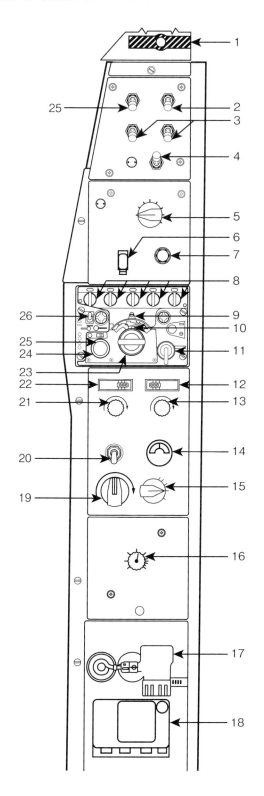

1. 地上脱出ハッチ投棄ハンドル
2. ロール操縦増強電源スイッチ
3. ヨー操縦増強電源スイッチ
4. 予備ピッチ・トリム獲得スイッチ
5. 機首バイザーヒーター調節操作装置
6. 酸素トグル・バルブ
7. 横錘操作スイッチ
8. UHF無線機手動周波数選択ノブ
9. UHF無線機手動事前設定カード
　　挿入選択装置
10. UHF無線機チャンネル指示器
11. UHF無線機機能選択スイッチ
12. 補助ジャイロ・プラットフォーム緯度指示器
13. 補助ジャイロ・プラットフォーム緯度設定ノブ
14. 補助ジャイロ・プラットフォーム
　　磁方位同調指示器
15. 補助ジャイロ・プラットフォーム・
　　モード・スイッチ
16. 二次排気口スタンバイ圧力ノブ
17. 汎用灯
18. 予備灯
19. 補助ジャイロ・プラットフォーム
　　方位操作ノブ
20. 補助ジャイロ・プラットフォーム
　　整合スイッチ
21. 補助ジャイロ・プラットフォーム
　　偏差設定ノブ
　　補助ジャイロ・プラットフォーム
　　磁気偏差設定ノブ
22. 補助ジャイロ・プラットフォーム
　　磁気偏差指示器
23. UHF無線機チャンネル選択ノブ
24. UHF無線機音量調節ノブ
25. UHF無線機送信出力設定ノブ
26. UHF無線機変調選択スイッチ
27. ピッチ操縦増強電源スイッチ

図2-14　副操縦士席サイド・コンソール

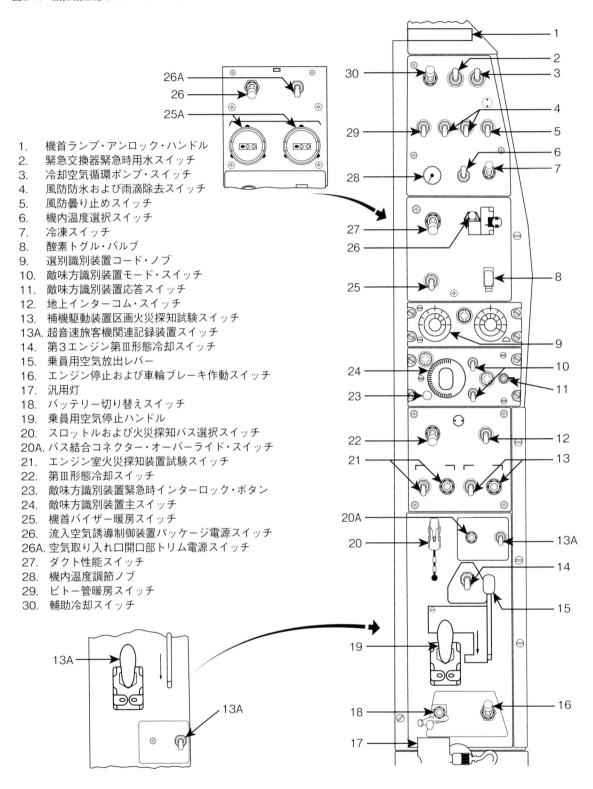

1. 機首ランプ・アンロック・ハンドル
2. 緊急交換器緊急時用水スイッチ
3. 冷却空気循環ポンプ・スイッチ
4. 風防防氷および雨滴除去スイッチ
5. 風防曇り止めスイッチ
6. 機内温度選択スイッチ
7. 冷凍スイッチ
8. 酸素トグル・バルブ
9. 選別識別装置コード・ノブ
10. 敵味方識別装置モード・スイッチ
11. 敵味方識別装置応答スイッチ
12. 地上インターコム・スイッチ
13. 補機駆動装置区画火災探知試験スイッチ
13A. 超音速旅客機関連記録装置スイッチ
14. 第3エンジン第Ⅲ形態冷却スイッチ
15. 乗員用空気放出レバー
16. エンジン停止および車輪ブレーキ作動スイッチ
17. 汎用灯
18. バッテリー切り替えスイッチ
19. 乗員用空気停止ハンドル
20. スロットルおよび火災探知バス選択スイッチ
20A. バス結合コネクター・オーバーライド・スイッチ
21. エンジン室火災探知装置試験スイッチ
22. 第Ⅲ形態冷却スイッチ
23. 敵味方識別装置緊急時インターロック・ボタン
24. 敵味方識別装置主スイッチ
25. 機首バイザー暖房スイッチ
26. 流入空気誘導制御装置パッケージ電源スイッチ
26A. 空気取り入れ口開口部トリム電源スイッチ
27. ダクト性能スイッチ
28. 機内温度調節ノブ
29. ピトー管暖房スイッチ
30. 輔助冷却スイッチ

図2-15　操縦輪

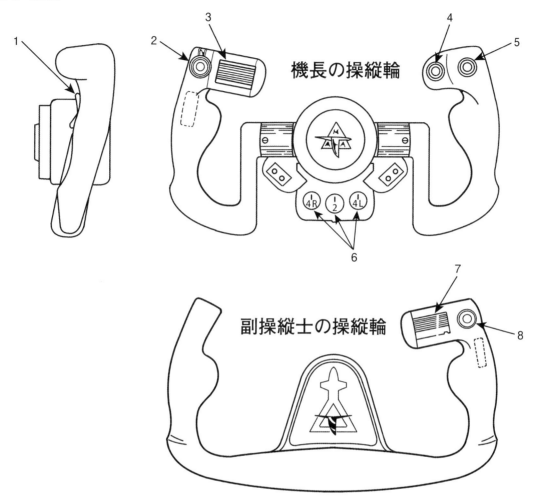

1. インターコム・マイクスイッチ
2. 飛行増強制御システム解除ボタン
3. 一次ピッチトリム・ノブ
4. イベントマーカー・ボタン
5. 計測記録ボタン
6. 操縦輪作動停止選択装置ボタン
7. 一次ピッチトリム・ノブ
8. 飛行増強制御システム解除ボタン
　　（ロールとピッチのみ）

おらず、正面風防中央上部に三角形のパネルがあって、これがオーバーヘッド・パネルと呼ばれている。ここには、降着装置の緊急時用スイッチ類が配置されている。ここから、各計器盤の詳細を図示しておく（図2-7〜2-14）。

機長、副操縦士ともに機体の操縦操作は操縦輪と方向舵ペダルで行い、操縦輪は通常型で左右にグリップのあるU字型ハンドルである。試験機ということもあってスイッチ類は少なく、グリップの握り部内側にマイクスイッチがあり、またグリップ頂部にトリム・スイッチがあるのはきわめて一般的だ。副操縦士用操縦輪のグリップ部には、飛行増強制御システムの解除ボタンがある。操縦輪の概要を図2-15に示す。

環境制御システムの役割

XB-70の2人の乗員が乗り組む機体最前方の乗員コンパートメントは

完全に密閉されていて、気密性が確保されている。そこには環境制御システム（ECS：Environmental Control System）と呼ぶ、いわゆる空調装置があって、飛行中の機外の大気と機内の空気を完全に分離しつつ乗員にとって一定の快適さを得られる機内環境を作りだしている。

エンジンのジェット化などによって航空機の飛行性能が高まっていくと、飛行高度をより高くすることに努力が払われた。地球の環境では、高度が高くなれば大気の気圧は下がり、空気密度も低下する。国際標準大気では、高度0mの気圧を1とすると、高度10,000mの気圧は約0.35になる。同様に空気密度は約0.34となって、いわゆる空気の薄い状態になっており、空気抵抗が小さくなる。大雑把にいえば、同じ速度で飛行するのなら必要な推進力は1/3程度ですみ、同じ推進力なら3倍程度の速力を得られることになる。また空気抵抗が小さければ、そのぶん飛行距離を延ばすことが可能になるから、航空機にとっては高速化と長距離化というメリットがもたらされる。

こうしたことはもちろんジェット・エンジンが実用化される前からわかっていたことで、たとえば1938年12月31日に初飛行した民間旅客機のボーイング307ストラトライナーは、大出力のレシプロ・エンジン4基を装備して、高度16,200フィート（4,983m）に上昇して220ノット（407km/h）の最大速度性能が得られた。飛行高度、最大速度ともに当時の大型機のなかでは群を抜く性能だったのだが当時の旅客需要に対しては収容力が大きすぎ、さらには高価格であったことから製造機数はわずかに10機と、失敗作になった。

高高度飛行で大きな問題となるの

が、人体への影響である。高度が高くなると気温が低下し、標準大気では地上（高度0m）は気温が15℃と定められているが、高度10,000mでは−49.90℃なり、一般的にいえば防寒具でも足りず、強力な暖房が必要な環境である。また前記のように空気密度が1/3になるということは、酸素の量も少なくなっていることを意味する。大まかな大気の成分が窒素80%と酸素20%であることはどこでも同じだから、空気密度が小さいということは同じスペースで比較するとそこの酸素量は少ないことになる。約1/3で20%が酸素だとすると、そのスペースの酸素量は6%でしかなくなり、大幅な酸素不足である。酸素が欠乏すると、脳をはじめとして人体のあらゆる機能が低下していく。これが「低酸素症」で、次第に意識を失って仮死状態になり、最後は死に至る。その際に、窒息のような苦しさはないため、本人が低酸素症になっていることに気づくのは難しい。

前記のボーイング307の飛行高度約5,000mも標準大気で気温は−17.47℃、空気密度は地上の60%だから、地上と同じままの状態では機内で過ごすことはできない。そこで開発されたのがECSで、機内の温度はそれ以前の航空機にも備わっていた暖房装置を用い、機内の空気圧と酸素濃度を地上の環境に近づけられるようにするのが目的のものであった。この装置のためにストラトライナーの胴体は、先端の操縦室から客室の最後部まで、完全な密閉構造にされた。これが与圧胴体あるいは与圧キャビンと呼ばれるものである。そして、これによりストラトライナーは、高度5,000mを飛行していても機内の気圧高度を約8,000フィート（2,438m）に保つことができた。この

8,000フィートという与圧キャビンの機内気圧高度は、その後の旅客機の標準となっていて、新型機であるボーイング787とエアバスA350XWBは6,000フィート（1,829m）に低下させてより地上環境に近づけることで快適性を高めているが、ほかの多くの機種は今もすべて8,000フィートにしている。ちなみに8,000フィート＝約2,400mという高さは、富士宮口からの富士山5合目の標高なので、健康体の人ならばまず問題なく生活・活動できる大気環境といえよう。

XB-70およびその他の軍用機のECS

ボーイングが、ストラトライナー用に開発したECSに改良を加えるとともに爆撃機向けとしたものがB-29スーパーフォートレスのECSである。B-29は初めてECSを備えた爆撃機であるが、これにより31,850フィート（9,709m）への上昇能力を獲得し、最大速度性能は310ノット（574km/h）にも達した。爆弾類を搭載し、また実用的な作戦行動で用いる巡航速度は190ノット（352km/h）それ以前の機種と大差はなかったが、この速度で巡航飛行すれば、大量の爆弾を搭載して2,820海里（5,223km）もの航続距離が得られた。ちなみにフェリー航続距離は、9,000海里（16,668km）にも達したとされている。

旅客機に使われているような、高度10,000m以上を飛行しながら機内の気圧高度を1,800mや2,400mに保つ能力をもつECSは、システム全体が大きくまた重くなる。このため機内スペースにかぎりがあり、また少しでも重量を軽くしたい戦闘機には不向きなので、戦闘機用にはもう少し簡素なシステムが使われている。これは、定めた高度

図2-16　XB-70A機内与圧機能

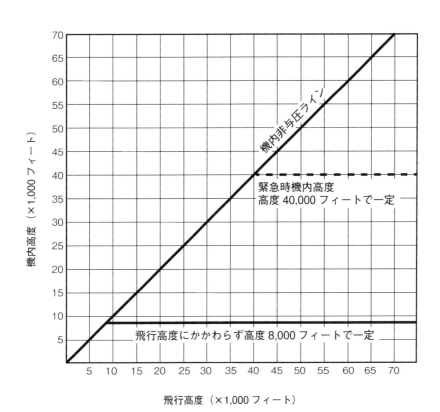

以上の飛行になった際には、機内の気圧高度を一定にするのではなく、外気と一定の気圧差で機内の気圧を高めるというもので、飛行高度が上昇すると機内の気圧高度も高くなるというものだ。ボーイングF-15イーグルを例にとると、飛行高度8,000フィート（2,438m）までは与圧システムは作動せず、飛行高度と機内の気圧高度は同一になっている。8,000フィートを越すと与圧システムが機能しだして、外気の圧と5psi（34.5kPa）の圧力差をつけて機内気圧高度を低くしている。その結果、高度30,000フィート（9,144m）を飛行しているときのコクピット内気圧高度は約11,000フィート（3,353m）になり、40,000フィート（12,192m）で約18,000フィート（5,486m）、

50,000フィート（15,240m）で約20,000フィート（6,096m）、55,000フィート（16,764m）で約22,000フィート（6,706m）になる。

XB-70のECSは、基本的にはジェット旅客機と同様のシステムであるが、計画運用高度が最大70,000フィート（21,336m）と高くなっているため、より高能力のシステムが備えられることになった。

まず、高温のエンジン圧縮器の空気（最高で華氏1,170度 = 632.2℃）の空気を圧縮器の最終段から抽出し、また第2、第3、第4、第5段からの抽出空気を与圧、換気、暖房、雨滴除去、防氷、曇り防止システムの圧縮機の駆動、そしてECS器材の冷却に使

用する。エンジンの抽出空気は、1本のダクトで胴体内燃料タンクの前方を通ってECS器材のコンパートメントに送られる。このコンパートメント内でダクトは3方向に分離され、高温（約華氏1,000度 = 537.8℃）、中程度（華氏750〜850度 = 398.9〜454.4℃）、低温（最高で華氏250度 = 121.1℃）に分けられる。高温の空気は乗員区画用で、空対空暖房や風防の防氷などに用いられ、低温の空気は抽出空気熱交換器を通じてエンジン抽出空気の低温化や湿度増加のための湯沸かしなどに使われる。中程度の温度の空気流は、そのほかの高温を必要とする用途や装置に送られる。

乗員の搭乗区画と電子機器コン

風防と機首ランプを上げ位置にして飛行するXB-70Aの1号機（写真：アメリカ空軍）

パートメントは常時気圧高度8,000フィート（2,438m）の環境が維持される。この与圧機能は図2-16に示したとおりで、飛行高度8,000フィートまでは機内気圧は飛行高度と同じであるが、8,000フィートを越えると常時8,000フィートが維持される。またECSに故障などが発生すると機内気圧高度は40,000フィート（12,192m）一定での維持に入り、パイロットは可能なかぎり10,000フィート（3,048m）以下に緊急降下することが推奨されている。

XB-70の風防システム

XB-70の風防は、高速飛行時に生じる高温の摩擦熱から機体などを護るために、二重構造が採られている。この風防アッセンブリーは固定内側風防、可動式外側風防、2つの固定側方窓で構成されていて、可動式風防が低抵抗力高速飛行時の機体の破損を防ぎ、低速飛行時には外部視野を改善する。機内側の固定風防は圧力バリアとしての役目を果たし、機内与圧

の維持を可能にしている。風防と側方窓はすべて透明で、ガラス面の霜取り用に電熱フィルムが貼られている。

可動式風防は3つの上方および2つの側方パネルからなっていて、乗員のスイッチ操作により動く。このパネルの風防は単板製造で、完全に強化されたガラスにより作られている。この風防が取りつけられている機首ランプ部は油圧により2段階で作動し、ランプと風防全体を上げ下げする。ピボットは下側後方の縁に固定式のものが、前方上側縁に回転式のものがある。風防と機首は、シリコンゴムより上げ下げをしても、機体の金属部と完全な密着を維持できる。この可動式風防と機首ランプシステムの構成は図示したとおりだ（図2-17）。

XB-70の
飛行操縦システム

XB-70の飛行操縦システムは、2枚の方向舵、機体左右の遊動式カナー

ド翼、そして片側2枚のエレボンを、完全な油圧動力式アクチュエーターにより、機械的に必要な位置に動かすものである。そのステムの概要は、図2-18～2-19に示したとおりだ。

エレボンは主翼後縁のエンジン外側にあって、それぞれの区画は全翼幅にわたって曲げ効果を減らしている。エレボンが同じ方向（上げ／下げ）に同時に動くことで機体のピッチ操縦が行われ、さらに同時にカナード翼が動くことで、あらゆる飛行速度域でのピッチ制御に対応することが可能となっているが、高速飛行時にはカナードのほうがより効果をだし、低速飛行時にはエレボンのほうが大きな効果を発揮する。ロール操縦は、左右のエレボンが逆方向に動く（差動する）ことで行われる。

方向舵は取りつけヒンジラインに対して左右に動き、高速飛行時には方向安定性の確保にも使われるが、主翼端の折り曲げ機能がそれを補強する。フラップはカナード翼の後縁にのみあって、離着陸時に使用される。

図2-17　可動式風防と機首ランプシステム

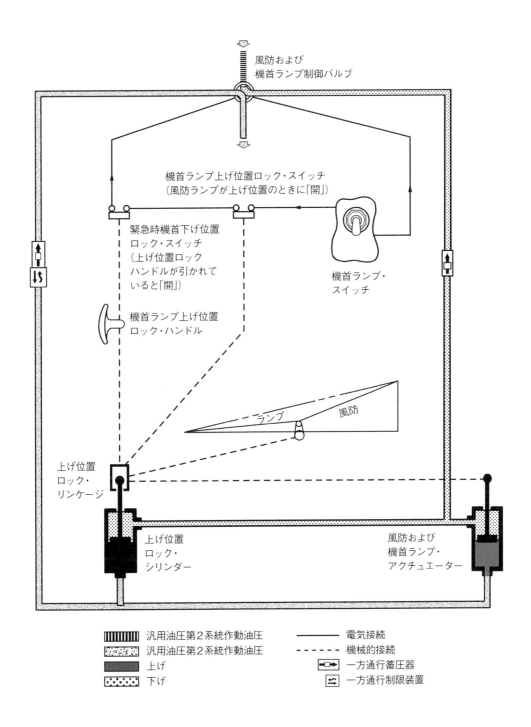

風防および
機首ランプ制御バルブ

機首ランプ上げ位置ロック・スイッチ
（風防ランプが上げ位置のときに「開」）

緊急時機首下げ位置
ロック・スイッチ
（上げ位置ロック
ハンドルが引かれて
いると「開」）

機首ランプ・
スイッチ

機首ランプ上げ位置
ロック・ハンドル

ランプ　風防

上げ位置
ロック・
リンケージ

上げ位置
ロック・
シリンダー

風防および
機首ランプ・
アクチュエーター

▦	汎用油圧第2系統作動油圧	──	電気接続
▨	汎用油圧第2系統作動油圧	- - - -	機械的接続
▪	上げ	⊡→	一方通行蓄圧器
⸬	下げ	⇄	一方通行制限装置

71

図2-18　飛行操縦システム（1）

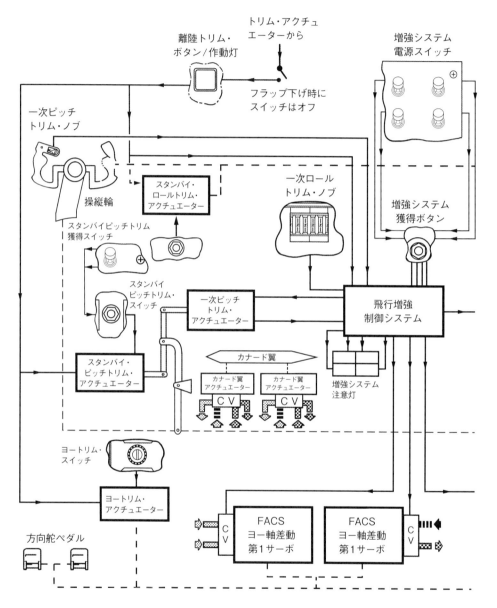

※ CV＝制御バルブ、AA＝人工感覚付与装置

図2-19　飛行操縦システム (2)

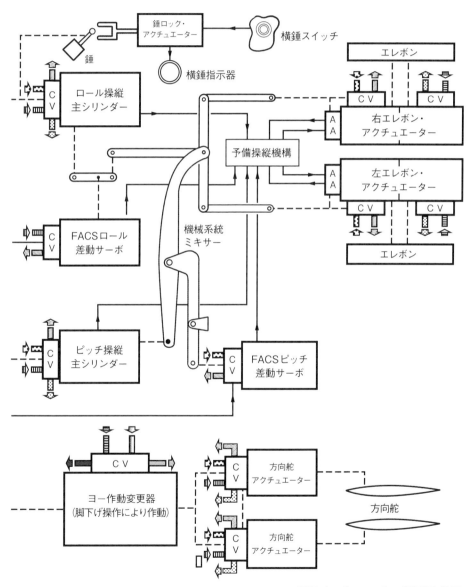

一次油圧第1系統作動油圧	汎用油圧第2系統作動油圧
一次油圧第2系統作動油圧	汎用油圧第1系統作動油圧
一次油圧第1系統作動油圧戻り	汎用油圧第2系統作動油圧
一次油圧第2系統作動油圧戻り	────　電気的結合
一次油圧第1系統作動油圧戻り	─ ─ ─　機械的結合

※ CV＝制御バルブ、AA＝人工感覚付与装置

図2-20　姿勢指示器の表示内容と機能

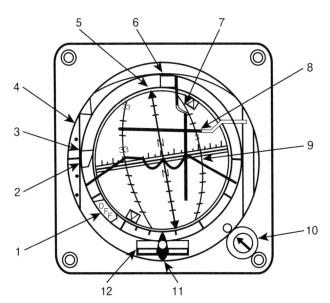

1. 姿勢警報フラッグ
2. グライドスロープ警報フラッグ
3. グライドスロープ指示器
4. グライドスロープ逸脱スケール
5. 傾きポインター
6. 針路警報フラッグ
7. 傾き指示バー
8. ピッチ指示バー
9. 自機シンボル
10. ピッチトリム・ノブ
11. 旋回指示器
12. 横滑り指示器

機首マーカー	針路矢印	針路逸脱指示器	起点/到達指示器	方位ポインター	距離指示器
パイロットがセット	TACAN方位にセット	TACAN局逸脱	TACAN局信号の機能	TACAN局の方位	TACAN局との距離
機能なし	TACAN方位にセット	TACAN局逸脱	TACAN局信号の機能	TACAN局の方位	TACAN局との距離
機能なし	ローカライザー経路にセット	ローカライザー逸脱	TACAN局信号の機能	TACAN局の方位	TACAN局との距離
機能なし	ローカライザー経路にセット	ローカライザー逸脱	TACAN局信号の機能	TACAN局の方位	TACAN局との距離
機能なし	TACAN方位にセット	TACAN局逸脱	TACAN局信号の機能	TACAN局の方位	TACAN局との距離

　主翼端が折り曲げられているときには、折り曲げ側にあるエレボンは中立位置で固定される。フラップ下げ時には、カナード翼は前縁を完全に下げ、ピッチ操縦はエレボンによってのみ行われる。

　パイロットによる機体の飛行操縦操作には、通常形式の操縦輪と方向舵ペダルを使用し、機長用と副操縦士用に、基本的に同一のものが備わっている。これらの操縦装置の動きが、油圧制御バルブを通じて、各操縦翼面に伝わる。操縦翼面が所定の位置に達すると、フォローアップ機構により油圧の流れが遮断されて、操縦操作装置が自動的に中立位置に戻される。油圧は、一次システムと汎用システムそれぞれに2系統が設けられていて、冗長性を確保している。

　使用可能な空力データを集めて、それらをエンジン・システムや飛行計器に電気信号として送るのが、中央エアデータ・システム（CADS：Central Air Data System）である。このシステムは機首部のピトー管と静圧センサーから圧力データを、そして胴体下面の温度プローブから全温度データを得る。圧力と温度の入力は電気的機械的にエアデータ・コンピューターに送られて、システムや計器向けの空気圧および電気入力信号に変換される。コンピューターからの出力信号はマッハ数、昇降速度、気圧高度姿勢の変化率の指示に用いられる。これらの情報を示す計器に

図2-21　水平状況指示器の表示内容と機能

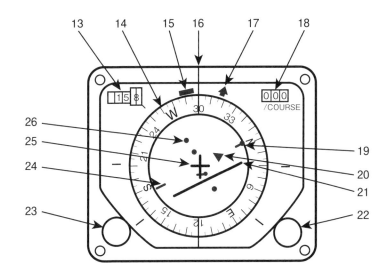

13. 距離指示器
14. コンパス・カード
15. 方位マーカー
16. 定線
17. 方位ポインター
18. 選択針路窓
19. 針路矢印（機首）
20. 起点 / 到達指示器
21. 針路逸脱指示器
22. 針路設定ノブ
23. 方位設定ノブ
24. 針路矢印（尾部）
25. 自機シンボル
26. 針路逸脱スケール

主要モード	グライドスロープ指示器	傾き指示バー	ピッチ指示バー	針路警報	グライドスロープ警報
手動方位	表示なし	指令方位指示	表示なし	表示なし	表示なし
TACAN局	表示なし	針路設定方向	表示なし	表示なし	表示なし
ILS	表示なし	ローカライザー方向	表示なし	表示なし	表示なし
ILS進入	グライドスロープ逸脱	ローカライザー方向	表示なし	表示なし	表示なし
スタンバイ	表示なし	表示なし	表示なし	表示なし	表示なし

ついては、第3章のP.100に記す。

　CADSにより作りだされる出力信号を活用するものには、次の装置がある。

◇衝突防止灯回路、◇着陸 / タクシー灯回路、◇エンジン排気口面積制御機構、◇エンジン燃料制御機構、◇飛行増強制御システム、◇空気吸入制御システム、◇飛行指示コンピューター、◇降着装置警報システム、◇高度－昇降速度指示器、◇対気速度－マッハ数指示器、◇補助

ジャイロプラットフォーム・システム、◇飛行増強制御システム

　エンジン静圧出力のようなシステムの重要な機能システムについては、モニター回路が設けられて故障の発生を表示する。故障が発生したら注意灯が点灯して、飛行増強制御システムとエンジン排気口制御システムへの出力は、自動的に固定出力に切り替わって、スタンバイ制御となる。

　航法装置としては、AN/ARN-65戦術航空航法装置（TACAN：Tactical

Air Navigation）がメインで、操縦室の表示装置に選択したTACAN局までの距離や方位を示す。局までの有効直線距離は、約200海里（370km）である。また着陸に際しては計器着陸装置（ILS：Instrument Landing System）の使用が可能にされていて、水平方向の誘導を行うローカライザーと、垂直方向の誘導を行うグライドスロープの両電波を捉えることができる。航法関連のパイロット用表示装置には姿勢指示器（ADI：Attitude

Director Indicator）と水平状況指示器（HSI：Horizontal Situation Indicator）があり、その概要は図2-20、図2-21のとおりである。ADIはジャイロを活用した人工水平線とそれに対する機体の姿勢を示すもので、XB-70のもののように飛行すべき方向を示すフライト・ダイレクターが組み込まれているものも多い。HSIは自機を上から見て飛行方位や飛行すべき方向の向き、特定の地点まであるいは特定の地点からの距離などを示す計器である。

XB-70の飛行増強システム

　XB-70の飛行操縦システムには増強システムが接続されていて、あらゆる飛行状況下において常時3軸の方向安定性を確保できるようにされている。飛行増強操縦システムは、パイロットの操縦操作入力を電気信号に置き換えて飛行操縦翼面を動かすもので、パイロットが望むダンピングや飛行運動制御を可能にするものだ。XB-70はきわめて全長が長いため、飛行操縦システムはその影響により生じるシステム内の摩擦を減らし、震動や胴体の曲がりを最小化するよう設計されている。また機械的操縦システムの作動ケーブルの張力を常に適正範囲に維持する、張力レギュレーターも備わっている（個のレギュレーターは翼面の作動に影響をおよぼすものではない）。

　エレボンの操舵における摩擦力は、油圧システムの主シリンダーにより軽減され、これはピッチとロールの機械的な操舵のブースターにもなる。主シリンダーからの作動油圧は、機械的ミキサーを介してエレボン・システムを蓄圧器バルブに結びつけ、このミキサーは操縦輪の位置

と動き、そして飛行増強操縦システムで一致したエレボンの動きを行わせる。ピッチとロールの動きは同時あるいは個別のどちらでも行うことができ、ロール操縦の入力を行ってもピッチ姿勢に変化をきたすことはない。主シリンダー増強サーボとエレボン・アクチュエーターの間には、電気的なバックアップとして、補助的な制御機能が設けられている。これは、機械的なシステムに故障が生じた際の補助システムで、高マッハ数飛行時には錘によりこの機能が作動してエレボンの動きを助ける。

　方向舵の制御リンクには、降着装置と連携をもたせた作動変更システムが設けられている。方向舵は通常の飛行時には、±3度の範囲で作動するが、降着装置が下げられるとその範囲を±12度に広げる。これにより低速飛行時でも、大きな操舵操作を行わずに、必要な方向操縦を得ることが可能となる。

　前記したエレボンの補助的な制御機構は、通常の操縦システムと並行して使用できる自動の電気的なバックアップ機能であるが、内側エレボンのアクチュエーターにしか設けられていない。

　XB-70の飛行操縦システムに組み込まれている飛行増強制御システム（FACS：Flight Augmentation Control System）は、飛行の状況や機体の動きの変化に応じて、自動的にそれを補正するよう飛行操縦翼面を動かすもので、離陸と着陸を含むあらゆる飛行段階で機能するよう設計されており、3軸すべてにおいて震動の吸収を行い、ピッチとロールの運動性を改善する。またあわせて、一次ロール・トリムと離陸ロール・トリム・システムとしても機能する。このシステムは、中央エアデータ・

コンピューターから速度と高度に関する電気信号を受け取り、独立した電気チャンネルを通じてFCASのコンピューターにそれらのデータを送り、信号を受け取ったFCASコンピューターは操縦輪を動かして対応する操縦翼面に補正する舵の動きを行わせる。ピッチ、ロール、ヨーの各軸には二重のレート・ジャイロと二重の加速度計が備わっていて、これらが各ユニットにより検出された運動率や加速度を出力信号の電圧に変換している。

　レートジャイロと加速度計には、パッケージ・タンク内に信号発生アッセンブリーがあって、飛行中の冷却用にあわせて氷塊を収める必要があり、飛行前にその準備を行う。

　ピッチ操縦の振動吸収は、胴体の曲げ効果を補正する役割も果たす。ピッチ軸とヨー軸の信号は、高度補正が行われ、ピッチ系統では速度の増加に応じた安定性の向上をもたらす。これはエアデータ・システムからの信号によりエレボンの反応を作りだすことで行われるもので、マッハ数の変化にも対応する。また超音速飛行中には、ピッチ・システム速度修正機能が作動する。その結果、双方のエレボンはマッハ数が増加すると上がり、逆にマッハ数が低下すると下がる（操縦輪もこの動きに対応し、前者では手前に、後者では奥に動く）。増強コンピューターは、あらゆる操縦操作入力を機体の動きと比較し、差異を測定することで、補正に必要な舵の動きの大小の信号を作りだす。差異作動サーボはピッチ、ロール、ヨーの3軸すべてに各1個（ヨー軸だけは2個）あり、FCASコンピューターから信号を受け取るとともに、一次油圧の第1および第2系統で舵面を動かす。

図2-22　カナード翼およびフラップシステム

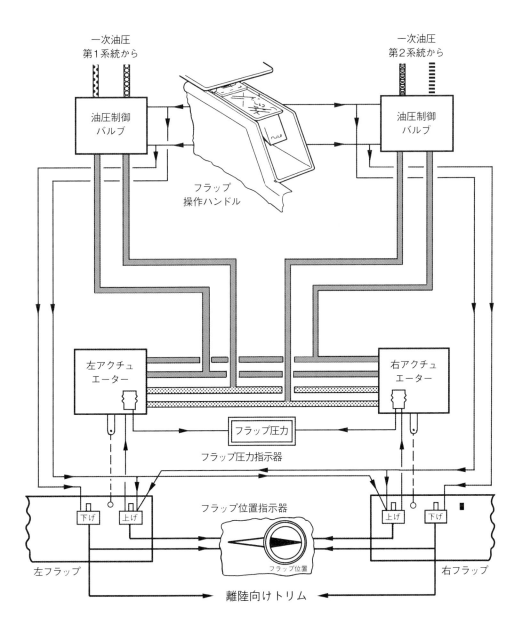

一次油圧
第1系統から

一次油圧
第2系統から

油圧制御
バルブ

油圧制御
バルブ

フラップ
操作ハンドル

左アクチュ
エーター

右アクチュ
エーター

フラップ圧力

フラップ圧力指示器

フラップ位置指示器

下げ　　上げ

上げ　　下げ

フラップ位置

左フラップ

右フラップ

離陸向けトリム

一次油圧第1系統圧力		上げまたは戻し	
一次油圧第1系統圧力		- - - 機械的リンク	
一次油圧第1系統戻り		──── 電気的接続	
一次油圧第1系統戻り		制限スイッチ	
上げまたは戻り		圧力スイッチ	

ピッチ、ロール、ヨー各軸の操縦システムには、電動のトリム・システムが備わっている。ピットとロールには、一次トリムが故障した際のバックアップ・トリムも用意されている。トリム・システムは、感覚付与システムと連携して機械的に作動し、操作されていなければ舵面の位置に対して中立位置（力がかかっていない）状態にある。ロールとピッチの一次トリムは一次ピッチトリム・アクチュエーターにより作動し、またFCASはロール差動サーボを駆動する。一次ピッチトリム・システムが電源を失うなどで不作動状態になると、FCASは解除されるので、ロール・トリムは機能しなくなる。各軸のトリムには、それぞれ個別の独立したアクチュエーターがあり、すべてが統合化された電気システムで作動する。一次およびピッチ・スタンバイ・トリムは操縦輪のスイッチで操作され、機械的に人工感覚が付与されたバンジー・スイッチによりそれを放すとゼロ位置（中立）に戻る。カナードとエレボンもこのスイッチで、同様に操作できる。その機能は次のとおり。

• フラップが下げ位置のときにはカナード翼は0度の位置のままで動かず、ピッチトリムと連動するのはエレボンだけである。

• スタンバイのピッチ・トリムが機能すると、一次ピッチ・トリムは機能しなくなる。

一次ロール・トリムによりFCASのサーボ差動信号が作られると、飛行操縦システムにおけるロール操縦は油圧制御バルブとエレボン・アクチュエーターにかかる作動油圧で行われ、エレボン・アクチュエーターがトリム位置の差動を行うようにな

る。またヨートリム・アクチュエーターとスタンバイ・ロールトリム・アクチュエーターは、方向舵ペダルの人工感覚付与用バンジー・スプリングにより中立位置（荷重なし位置）になる。

スタンバイのロールトリム・システムは、一次ロールトリム・システムの機能を失わせるものではなく、スタンバイ・システムにより一次システムでセットしたトリムを増減させることも可能である。またトリムを使用しても、各操縦翼面の作動範囲は変わらない。

XB-70の飛行操縦装置についてもう一度まとめると、ほかの多くの航空機と同様に、操縦輪と方向舵ペダルの組み合わせで、操縦輪の概要はP.43の図に示したとおりで、グリップ部などには一次ピッチトリム・ノブ、飛行増強制御／解除ボタン、インターコム／マイク・スイッチがついている。操縦輪は機械的に油圧系統につながれていて、主シリンダーやミキサー／アッセンブリーを介して油圧作動アクチュエーターへとつながっている。アクチュエーターは、エレボンを左右同一方向に動かすことで昇降舵として機能させ、逆側に差動させることで補助翼の役割を果たさせる。操縦輪の動きはまた、カナードアクチュエーター・バルブにより、カナード翼の位置を変化させる。機長席と副操縦士席の操縦輪はともに、最前方位置が不使用時の定位置になっていて、手を放すと自動的にその位置に納まり、また押してその場所に固定することもできる。ただし、飛行中に自動的に収納位置にできるのは一度だけで、操縦輪を手前に引くと操縦輪は機能を再開し、手を放して力がかからないようにしても自動的に収納されることはない。

方向舵ペダルは左右2連タイプの通常型で連結されており、一方を踏み込むともう一方が手前にでてくる。方向舵ペダルは、方向舵アクチュエーターに直結していて、方向操縦に使用するほか、前脚操向システムにもつながっているので、地上走行中の方向転換にも使用できる。また左右ペダルの先端部を踏み込むことで、主輪ブレーキを作動でさせることができる。

両席には、体格にあわせて方向舵ペダルの位置を調節できるクランクが備わっている。時計回りに回すとペダルは奥に進み、反時計回りで手前にでてくる。

XB-70の主翼およびカナード翼

XB-70の主たる揚力の発生源はもちろん主翼だが、操縦室直後の前方胴体左右に延びているカナード翼もその役割を受けもつようにされていて、後縁には2位置のフラップがつけられている。このフラップは電気的に制御されて、油圧で作動する。フラップ位置は完全上げ（0度）と完全下げ（20度）だけで、中間位置はない。0度から20度下げへの移動に要する時間は、かかる空気荷重によって変わるが、通常は10〜20秒程度である。逆に20度から完全上げまでは、約10秒で終了する。油圧系統が作動していてなんの操作も行われていなければ、フラップは上げ位置を保つ。高速飛行時には、フラップの油圧システムは作動油圧の圧力を低下させるか通常の圧力で作動するようにし、空気荷重が低下しだすと、フラップが徐々に下がっていくのを防ぐために作動油圧をいくぶん上げ

図2-23　主翼端折り曲げ速度域

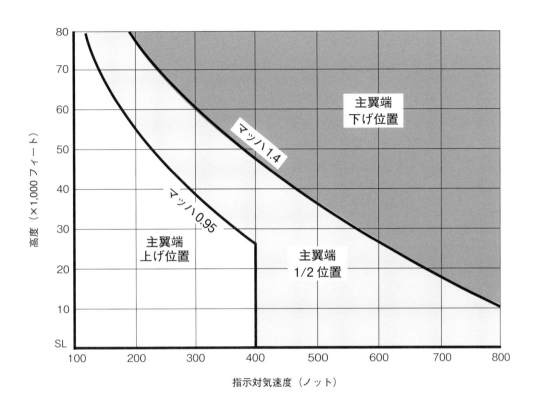

るようにする。こうした作動油圧の変化は、注意灯によりパイロットに知らされる。

　フラップが下がると、機械的なリンクによりカナード翼の角度は、どの角度に位置していても0度に戻される。またピッチ操縦は、エレボンによってのみ行われるようになる。コクピットには、フラップの位置を示す指示器が備わっているまたフラップ作動の電気システムの油圧システムも二重の冗長性がもたされているので、緊急時用のバックアップ・システムはない。

　フラップの操作ハンドルは、機長席と副操縦士席の間の中央コンソールにあり、スプリングつきのガード・カバーで覆われていて、誤操作の発生を防いでいる。

　カナード翼とフラップ・システムの概要は**図2-22**のとおりである。

　XB-70の主翼はほぼ完全なデルタ翼であるが、主翼端から内側に6.33mの位置にヒンジがあって、比較的大面積の翼端部が下側に折れ曲がるようにされている。これは、遷音速域および超音速飛行時に追加の方向安定性を獲得するための措置で、役割としては垂直尾翼と同様であるが、機体規模にあわせると大きな面積が必要になる垂直尾翼をなくすための設計であった。これにより、機体の設計重量が軽くなったとされるが、機構やシステムが複雑化したことは確かだ。主翼の折り曲げは、電気的に制御されて油圧で作動する。位置

は上げ位置と下げ位置に加えて1/2（中間）位置が設けられていて、左右同時に動く。それぞれの作動には6基の油圧モーターが用いられていて、想定される飛行中の最大空気荷重を打ち負かす動力が提供できるとされている。移動に必要な時間は、かかる空気荷重にもよるが、完全上げ位置から完全下げ位置までで約65秒である。また中間位置から完全上げまでは約25秒、中間位置から完全下げまでは約40秒とされている。なお、降着装置の主脚柱にロックがかかっていると、主翼端の折り曲げはできない。これは誤って地上で折り曲げ操作をしても、システムが機能しないようにするためのものだ。

　主翼端が折り曲げられると、外側

図2-24　降着装置の概要

前脚

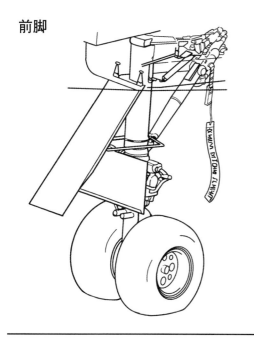

主脚

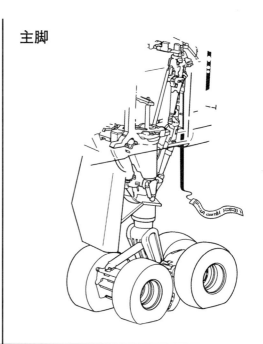

前脚扉

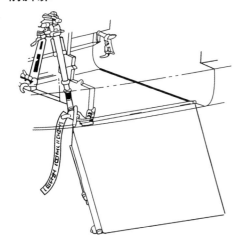

主脚扉

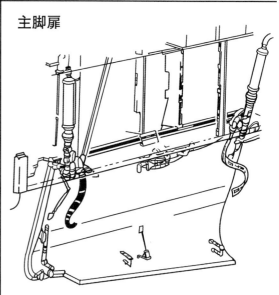

のエレボンは自動的に中立位置に
セットされて、主翼端が下がってい
る間はその位置にとどまる。主翼端
の曲げ機構のシステムは二重の冗長
性がもたされているので、バック
アップ系統はないが、緊急時上げ機

構は設けられている。
　主翼端折り曲げスイッチは中央計
器盤にあって、3位置の回転式選択ス
イッチになっている。選択スイッチ
の位置は上げ、1/2、下げで、またあ
わせて作動モード・スイッチがあり、

「通常（NORMAL）」を選択すると本
来の作動システムにより動く。「代替
（ALTR）」モードは、システムに不具
合が生じた場合に使用するもので、
通常と同じように作動するが、時間
を要する。また、地上試験パネルに

直径8.53mのドラグシュート3個を
展開したXB-70（写真：アメリカ空軍）

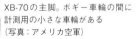

XB-70の主脚柱。隣の人と比べるとその大きさ
がわかる（写真：アメリカ空軍）

XB-70の主脚。ボギー車輪の間に
計測用の小さな車輪がある
（写真：アメリカ空軍）

主脚の収納シークェンス。車輪を回転させて垂直にしてから収納室に引き込む（写真：アメリカ空軍）

は緊急時上げ動力選択スイッチが
あって、主翼端緊急時上げシステム
への電源供給を行う。緊急時の主翼
端上げは、上げスイッチとこの電源
スイッチを併用しなければならず、
電気モーターのオーバーヒートを回
避するため、この電源選択スイッチ
はオンの位置で最初に5秒以上ホー
ルドしなければならない。緊急時翼
端上げシステムを使用すると、シス
テムがリセットされるまで、ほかの
機能は使用できなくなる。主翼端の
位置指示器は、中央計器盤にあって、
矢印で状態が示される。

　主翼端の折り曲げについては、高
度と速度により可能な範囲が制限さ
れている。その可能域は、図2-23に
示したとおりである。

XB-70の降着装置

　XB-70は前脚式3脚の降着装置を
備えていて、全脚が油圧により上げ下
げが可能で、主脚と前脚それぞれに
個別の収容室があって、上げられると
完全にそのスペース内に収まり、扉が
閉じられていっさいの抵抗を生じな
いようにされる。前脚は前方振り上げ
で空気取り入れ口直後に、主脚は後
方に振り上げてエンジンベイ側方の
胴体内に収められる。前脚と主脚の
概要は図2-24に示したとおりで、前
脚はダブル・タイヤ、主脚はダブル・
タイヤを前後に並べた4輪ボギー式
である。また前方の2輪と後方の2輪
の間に小さな車輪があって、自動ブ
レーキ用の速度センサーなどとして
使われている（図2-24）。

　降着装置操作ハンドルは中央計器
盤の下列にあって、通常は完全下げ
に約23秒、完全上げに約20秒を要す
る。油圧装置の故障などで脚下げが
できなくなった場合には、同じく中

央計器盤に緊急時脚下げスイッチが
あり、それを操作すると脚上げロッ
ク機構が外れて脚が自重で下がると
ともに降着装置収納室扉を押し開け
て完全下げ位置となり、脚下げロッ
クもかかって通常どおりの着陸が可
能となる。

　前脚には油圧による操向システム
がつけられていて、方向舵ペダルに
より左右へのステアリング操作が行
える。操向角度は機内の選択スイッ
チによりセットでき、スイッチには
オフ、タクシー、離陸と着陸の3位置
がある。離着陸では左右最大35度
が、タキシングでは左右最大58度が
限界となる。なお操向システムは油
圧でのみの作動のため、緊急脚下げ
を行うと前脚への油圧の供給が断た
れて操向が行えなくなる。このため
緊急脚下げによる着陸では、着陸後
の自走は不可能となって、牽引車な
どを使って移動することになる。

XB-70の
ブレーキ・システム

　XB-70の主輪には油圧作動の車輪
ブレーキ・システムが備わっていて、
システムはボギーの前方車輪用と後
方車輪用に分れているが、同時に機
能して大きな制動力をもたらす。
1960年代初期の技術によるものであ
るから、今日のような本格的なアン
チスキッド機能などはない。ブレー
キの作動は手動と自動があるが、通
常は自動で作動し、手動による操作
は自動ブレーキ機能が故障するなど
した場合にのみ用いる。自動ブレー
キの故障は、注意灯によりパイロッ
トに知らされる。自動ブレーキは、脚
上げ操作を行ったときにも機能し、
主脚の収納はブレーキにより主輪全
部が停止してから開始される。この

ブレーキ・システムは、図2-25に示
したとおりだ。

　自動ブレーキは、センサーとコン
ピューターにより機能し、車輪がス
キッドを生じない範囲での限界ブ
レーキ圧を送って、制動力を最大化
する。前方と後方の車輪の間には小
さな基準ホイールがあって、滑走路
への設置や基準速度情報などをコン
ピューターに送る。4個のブレーキ・
システムには個別の自動制御装置が
つけられていて、操縦室のスイッチ
によりいっせいに制御される。自動
ブレーキであっても、方向舵ペダル
の先端部を踏めば、ブレーキは機能
する。ブレーキ圧は、トルクセンサー
からの入力によりコンピューターで
モニターされ、コンピューターが事
前に設定されている圧を超えそうに
なると制限信号を送り、リミッター
として機能する。リミッターが作動
すると、ブレーキ圧は適正値に戻る。
また、地上での牽引走行時には、牽
引車にあわせて停止する、補助ブ
レーキを使用する。

XB-70のドラグシュート

　ブレーキと組み合わせて使用する
制動装置が、機体最後部のコンパー
トメントに収められているドラグ
シュート（制動傘）で、直径28フィー
ト（8.53m）の隙間つき円形のパラ
シュートが2個装備されている（飛行
試験時には3個を装備したこともあ
る）。パラシュートは個別のパックに
収められて後方胴体中心線上の上面
内にあるコンパートメントに入れら
れ、パイロットが中央コンソールの
ドラグシュート・ハンドルを引くこと
で展開作動が始まる。メカニズムは基本
的には油圧作動で、ハンドルを引くこ
とでコンパートメントの扉が開くとと

図2-25　車輪ブレーキ・システム

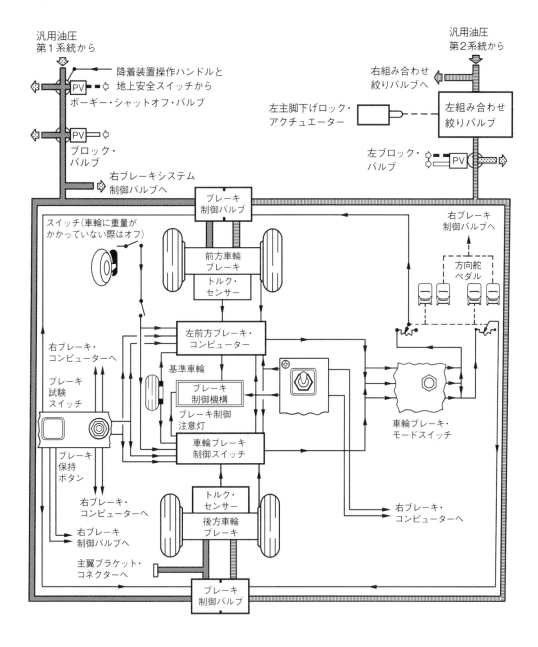

▨▨▨ 汎用油圧第1系統	■ ■ ■ 汎用油圧第1系統先導圧力バルブ
▥▥▥ 汎用油圧第2系統	▬▬▬ 汎用油圧第2系統先導圧力バルブ
■□ 基準車輪速度検出	PV 圧力作動先導バルブ
□■ 車輪速度基準検出	—— 電気接続
▨▨▨ 戻り	- - - 機械的リンク
	ブレーキペダル作動量電気的計測器

※PV＝圧力バルブ

図2-26　ドラグシュート・システム

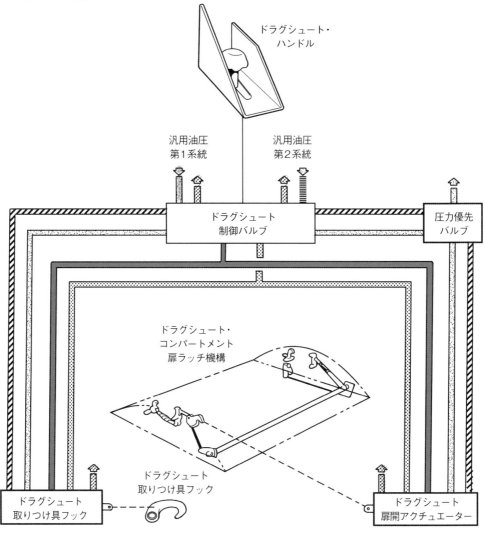

ドラグシュート・ハンドル

汎用油圧
第1系統

汎用油圧
第2系統

ドラグシュート
制御バルブ

圧力優先
バルブ

ドラグシュート・
コンパートメント
扉ラッチ機構

ドラグシュート
取りつけ具フック

ドラグシュート
取りつけ具フック

ドラグシュート
扉開アクチュエーター

汎用油圧第1系統圧力	汎用第1系統解除取りつけフック
汎用油圧第1系統圧力	汎用第2系統解除取りつけフック
汎用油圧第1系統フックおよび扉開獲得具	戻り
汎用油圧第2系統フックおよび扉開獲得具	——— 電気的接続
	- - - 機械的接続

もに取りつけフックが解除されて、ま
ず直径11フィート（3.35m）の抽出傘
がでて主傘を引きだす。通常ドラグ
シュートの開傘は、タッチダウン後の
滑走速度200ノット（370km/h）程度
で行う。タッチダウン前の開傘や、200

ノットを大きく超える速度での展開は、
パラシュートを破損させることになる
ので禁じられている。パラシュートは、
長さ68フィート（20.72m）の索により
機体後方で引かれ、一定速度以下に
減速し、周囲に問題がなければドラ

グシュート・ハンドルを上げること
でまとめて投棄できる。ドラグ
シュート・システムの概要は図2-26
のとおりだ。

Flying With XB-70A

XB-70 の運用

写真：アメリカ空軍

至近距離で下から撮影されたXB-70Aの2号機。低速での編隊飛行なので主翼端は上げ位置になっている (写真：アメリカ空軍)

Flying With XB-70A
XB-70の運用

XB-70の発進前準備や離陸、そして着陸の
標準的な運用手順を見ていく。
大型機で複雑なシステムを備えており、煩雑な部分もある。

飛行前の機外点検の手順

XB-70Aで定められている飛行前の機外点検は、次のとおりの順序である。

1. 前方胴体エリア
2. 右カナード翼エリア
3. 右空気取り入れ口エリア
4. 前脚エリア
5. 兵器倉エリア
6. 右主脚エリア
7. 右主翼端エリア
8. 後方胴体エリア
9. 左主翼端エリア
10. 左主脚エリア
11. 左空気取り入れ口エリア
12. 左カナード翼エリア

この機外点検では、次のことを確認する。

パームデールの空軍第42施設内の組み立てラインで完成状態にあるXB-70Aの1号機（写真：アメリカ空軍）

1. 前方胴体エリア
   a. 胴体下側 − チェック
   b. アンテナ（すべて）− チェック
   c. 着陸および補助着陸灯 − 引き込まれていることをチェック
   d. ピトー管 − カバーが外れていることをチェック
2. カナード翼エリア
   a. フラップ − チェック
   b. 胴体エリア − チェック
   c. アンテナ（すべて）− チェック
3. 右空気取り入れ口エリア
   a. 開口部が広く開いていることと整合マークをチェック
   b. 取り入れ口ピトー管 − チェック
4. 前脚エリア
   a. 脚と扉の安全ピンの挿入およびロック − チェック
   b. 前輪タイヤ − 目視で十分に膨ら

んでいるか、傷がないかなどをチェック
   c. 前輪車輪止め − 外れていることをチェック
   d. 前脚支柱 − チェック
   e. 全温度プローブ − カバーが外れていることをチェック
5. 兵器倉エリア
   a. 必要があれば点検する
   b. 衝突防止灯 − 引き込まれていることをチェック
6. 右主脚エリア
   a. 脚と扉の安全ピンの挿入およびロック − チェック
   b. 主輪タイヤとホイール − 目視でタイヤが十分に膨らんでいるか、傷がないかなどをチェック
   c. 車輪止め − 所定の位置にあることをチェック

   d. 主脚 − チェック
7. 右主翼端エリア
   a. エレボン − チェック各エレボンが正しく整合されているかもチェック
   b. エンジン排気口 − チェック
   c. 地上エンジン冷却扉 − 開いていることをチェック
   d. 方向舵面 − チェック
   e. ドラグシュート安全ピンが抜かれていることをチェック。通常は地上作業員が抜いてパイロットにはっきりと示す
   f. 外部電源と油圧動力装置 − つながれていて作動していることをチェック
8. 左主翼端エリア
   a. 主翼端、エレボン、航法灯を点検
9. 左主脚エリア

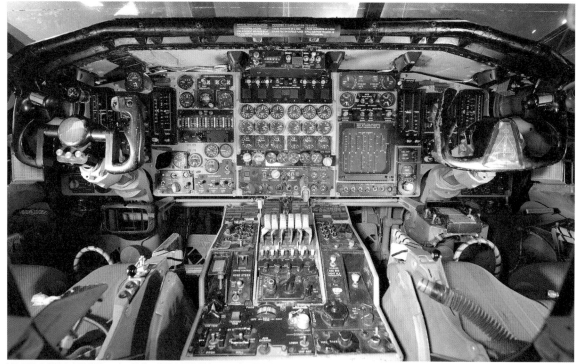

XB-70Aの操縦席主計器盤。2人の乗員は機長と副操縦士で、通常の航空機と同様に機長席は左である（写真：アメリカ空軍）

a. 脚と扉の安全ピンの挿入および
　ロック−チェック
b. 主輪タイヤとホイール−目視で
　タイヤが十分に膨らんでいる
　か、傷がないかなどをチェック
c. 車輪止め−所定の位置にあるこ
　とをチェック
d. 主脚−チェック

機体への乗り込み手順

機外点検を終えたら、次の手順で
機体に乗り込む。乗り込みの通常の
手順は次のとおりで、乗り降りには
専用のタラップを使用する。

1. ハンドル解除プレートをしてハン
　ドルをだし、時計回りに回して押す
2. 扉が開いたら、ハンドルを押し戻
　りながら反時計回りに回す。止め
　位置に達したらハンドルがラッチ
　されるまで押す（でるときは上記

の操作を逆に行う）
3. 機内に入って扉を閉じたら、ハン
　ドルを時計回りに回して扉をロッ
　クする（でるときは上記の操作を
　逆に行う）

機内点検

機内ではまず機内点検を行うが、
その前に次のことを行う。

1. 機外電源と油圧動力、地上とのイ
　ンターコム、地上冷却ユニットが
　つながれていて作動していること

機内の装備品に適切な冷却を行う
には、地上冷却ユニットがつながれ
ていなければならない。機外電源を
接続する前に、ジャイロ・プラット
フォームに現在位置の磁場偏差入力
を行っておくこと。地球の大円整合
の正確さを確保できる。

なお機内点検中は、緊急時に備え
て扉は開けておく。

＜機内点検項目＞
1. 降機用具と脱出用ロープ−チェック
2. 地上緊急脱出ハッチ−ハッチが閉
　じていてロックされていないこと
　をチェック
3. 与圧服インバーター・タンク−圧
　が110〜150psi（0.69〜1.03MPa）
　であることをチェック
4. カプセル高度警報装置アネロイ
　ド・トリッパー−チェック
5. 中央エアデータ・システム地上試
　験パネル−チェック。スイッチが
　オンであることを確認
6. 消火器−チェック（圧が150〜175
　psi＝1.03〜1.21MPa）であること
　をチェック

XB-70Aの機長席。見えている正面計器盤中央の縦スケールの計器はエンジン発電機関連のものだ（写真：アメリカ空軍）

＜コクピット前方部＞

1. 降着装置ハンドル－チェック
2. 携帯酸素ボトル－チェック
    a. カプセル効果試験ボタン－押してチェック
    b. 飛行安全ピン－挿入をチェック
    c. 座席ハンドグリップ－下げ位置をチェック
    d. カプセル扉－開で固定をチェック
    e. 踊ペダル－当たっていて障害物などがないことをチェック
    f. カプセル緊急パラシュートとカッターハンドル－チェック
    g. 酸素圧ゲージ－緑の範囲にあることをチェック
    h. カプセル高度警報灯－試験
    i. 保命装具－チェック
    j. 座席位置－前方でロックをチェック
    k. ロックハンドル－解除
    l. ハーネスと安全ベルト－接続
    m. 中央コンソール－下げて固定

＜機長による点検（副操縦士が読み上げ）＞

1. UHF 1－オンでセット
    1A. TACAN機能スイッチ－記録でチャンネルを選択
    1B. 計器着陸装置電源－オフ
    1C. 地上電源サーキットブレーカー－イン
2. 敵味方識別装置－オフをチェック
3. 地上インターコムスイッチ－オンをチェック
4. スタンバイ・ピッチトリム・スイッチ－獲得
5. 一次油圧第1および第2システム－チェック（最小で3,800psi＝26.2MPa）
6. インターコム・パネル－セットしてチェック
    ・主音量ノブ－希望の位置に
    ・UHFミキサー・スイッチ－引く
    ・インターコム機能選択スイッチ－UHF
    ・ホットマイク・ミキサー・スイッ

チ－押す（オフ）
    ・呼びだしボタン－押してチェックし離す
    ・TACANミキサー・スイッチ－必要に応じて
    ・計器着陸装置ミキサー・スイッチ－必要に応じて
    ・マーカービーコン・ミキサー・スイッチ－必要に応じて
7. カプセルと座席－カプセル化されていないことをチェック
    a. 座席－ロック解除で引き込まれていない
       座席安全ピンが抜かれていて、ハンドグリップがしまわれて射出トリガーを操作できないことを確かめること
    b. 緊急降下制御ハンドグリップ－チェック。グリップを上方補命装具キットのクリップから外しておくこと
    c. 緊急降下制御グリップ－正しく

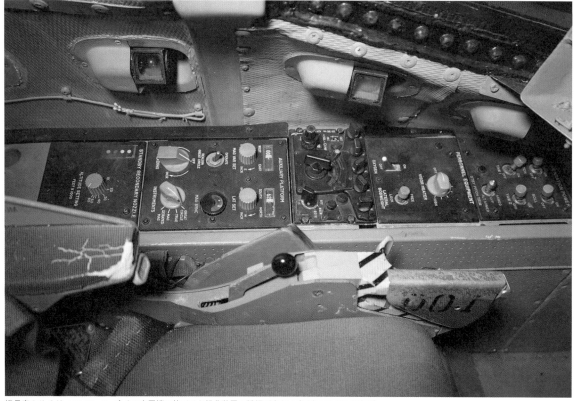

機長席のサイド・コンソール。多くの実用機に比べると操作装置の種類が少ない (写真：アメリカ空軍)

しまう

d. カプセル扉－手で閉める

e. カプセル窓－綺麗であることを確認

f. 乗員カプセル化／カプセル化解除注意灯－点灯することを確認

g. 通信装置－チェック

h. シール収縮ボタン－固定されるまで押し続ける

i. カプセル扉－開いて上が固定されることを確認

j. 座席－完全前方でロック

8. カプセル化注意灯スイッチ－いったんリセットしてオフ位置

9. 乗員カプセル化注意灯－両席でチェック

10. 操縦輪－獲得。獲得が確認されるまで手前に引く

11. 方向舵ペダル－調整

12. 二次排気口スタンバイ圧力ノブ

－標高気圧にセット

13. 補助ジャイロプラットフォーム・システム・モード・スイッチ－磁方位

14. 補助ジャイロ・プラットフォーム整合スイッチ－作動位置であることをチェック

15. 補助ジャイロ・プラットフォーム磁偏位指示器－チェック

16. 補助ジャイロ・プラットフォーム緯度設定ノブ－設定。現在位置緯度を指示器に設定

17. UHF 2－オンでセット

18. 横錘スイッチ－いったんロック位置に

19. 酸素トグル・バルブ－オンをチェック

20. バイザー暖房スイッチ－必要に応じて

21. 増強電源スイッチ－オン

22. 削除

23. 削除

24. 地上脱出ハッチ投棄ハンドル－整備用安全ピンが抜かれていることをチェック

25. 交流電圧－チェック

26. 計器盤－セット

27. 飛行計器－チェックと必要に応じてセット

28. 飛行表示スイッチ－セット

29. 機内気圧高度42,000フィート（12,802m）超過警報灯－消灯

30. 主注意灯－点灯をチェック

31. 全温度ゲージ－オフをチェック

32. カプセル化スイッチ－オン。ホットマイクスイッチがオンであることも確認

33. 脱出ボタン－押して脱出灯の点灯とホットマイクを確認して離す

34. 震動パネル－試験および記録セ

中央計器盤に並ぶエンジン関連計器。6発機なので当然その数も多くなっている（写真：アメリカ空軍）

中央コンソールに並ぶ6本のスロットル・レバー。狭いスペースに6本を並べるため独特の形状をしている（写真：アメリカ空軍）

　　　レクターを4にセット

35. 電子機気温度ゲージ－華氏60度（15.6℃）以下をチェック

36. 水および液体酸素量ゲージ－チェックし試験

　　36A. 抽出空気スイッチ－自動

37. 機内空気スイッチ－オフ

38. 再換気ファン防護オーバーライド・スイッチ－通常

39. 換気ファンスイッチ－オフ

40. 機内および機外灯－オフ

41. 第4、第4発電器スイッチ－オフ

42. 緊急時発電器スイッチ－自動

　　42A. 手動緊急時降着装置レバー－通常でしっかりカバーがかかっていることを確認

43. 緊急時エンジン・ブレーキスイッチ－オフを確認

44. 消火剤充填スイッチ－中央（オフ）

45. 火災警報灯－消灯

46. 排気温度計－チェック

47. 削除

　　47A. 油圧蓄圧気圧と作動油量－チェック

　　47B. 機内記録スイッチ－必要に応じて

　　47C. 車輪ブレーキモード・スイッチ－手動

48. 機首ランプ・スイッチ－下げ

空気取り入れ制御システムの操作パネル（写真：アメリカ空軍）

49. 主翼端下げ制御モード・スイッチ−通常、そしてセレクターを上げに
50. 削除
51. 降着装置緊急時下げスイッチ−通常をチェック
52. 降着装置位置灯−緑を確認
53. 注意灯−試験とチェック
54. 油圧ポンプ状況指示器−黄色を確認
55. エンジン速度超過アーミング・レバー−オフ
56. スロットル−オフ
57. 代替スロットル・スイッチ−中央（オフ）を確認
58. スロットル・ボタン−押して離す
59. 空気始動スイッチ−オフ
60. 車輪ブレーキ保持ボタン−押す
61. 車輪ブレーキ制御スイッチ−手動
62. 前脚操向スイッチ−オフ

62A. 前脚操向獲得スイッチ−フェイル・セーフ
63. フラップハンドル−フラップ上げを確認し指示器が上げ位置であることを確認
64. エンジン回転数ロックアップ・スイッチ−解除
65. ドラグシュートハンドル−収納
66. UHFアンテナ選択スイッチ−自動
67. UHF無線機−オン（両席とも）
68. インターコム機能選択スイッチ−UHF 1
69. 飛行増強制御システム速度安定スイッチ−オフ
70. TACAN−作動を確認

<副操縦士による点検（機長が読み上げ）>
1. 燃料タンク・ポンプスイッチ−オフ
2. 燃料量指示器−チェックと試験
3. 給油バルブ・スイッチ−自動

4. 液体窒素量指示器−チェックと試験。試験ボタンを長く押しすぎないこと
5. 機首ランプアンロック・ハンドル−入っていることをチェック
6. 環境制御スイッチ−オフ
　・補助冷却スイッチ−オフ
　・緊急時熱交換器水スイッチ−オフ
　・冷却換気ポンプ・スイッチ−オフ
　・ピトー管暖房スイッチ−オフ
　・機内温度選択スイッチ−オフ
　・凍結スイッチ−オフ
7. 削除
8. ダクト性能スイッチ−通常
9. 空気吸入制御システムパッケージ電源スイッチ−オン
　・空気取り入れ制御システムの注意灯が点灯したら3分待つこと
　・スイッチは空気取り入れ制御システムを作動させる25分前には

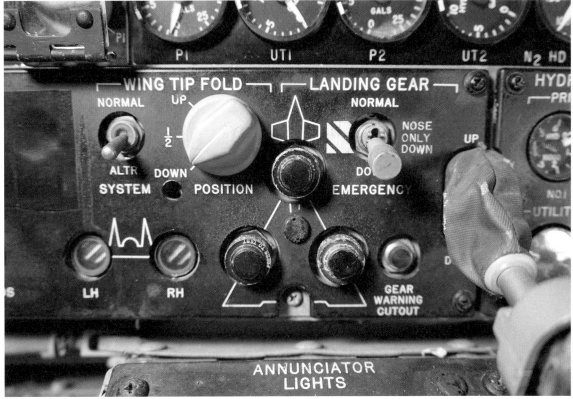

1つのパネルにまとめられた降着装置操作ハンドルと主翼端折り曲げ操作ノブ（写真：アメリカ空軍）

入れておくこと

9A. 吸入部トリム電源スイッチ－オフ

9B. 吸入部高さトリム制御－＋00.にあることを確認

10. 酸素バルブ－オンであることを確認

11. 敵味方識別装置スイッチ－スタンバイ

12. 第III区分冷却スイッチ－オフを確認

13. 火災探知システム－試験。いずれかの試験スイッチを押すとライトが点灯する

14. スロットルと火災探知バス選択スイッチ－通常でよいことを確認

14A. バス接続コネクターオーバーライド・スイッチ－オフ

14B. 記録装置スイッチ－オフ

15. 第3エンジン第III区分冷却スイッチ－オフ

16. 乗員用空気遮断ハンドル－必要な位置に

17. 乗員用空気逃しレバー－通常

18. 電池インバーター・スイッチ－オフでよいことを確認

19. エンジン停止および車輪ブレーキ機能スイッチ－オフ

エンジン始動前点検の手順

機内点検終了後は、エンジン始動前点検に移る。その手順は次のとおり（ここでは2号機の手順だけを示す）。

1. 汎用油圧第21および第2系統－チェック（最低でも3,800psi：26.2MPa）あって十分な圧があることを確認

2. ダクト性能スイッチ－通常

3. 取り入れ制御システム・スイッチ－自動

4. 取り入れ制御システム・リセット・スイッチ／ライト－押して手順8が終わるまで押し続ける

5. 入口マッハ計画スタンバイ・スイッチ－マッハ計画指示器が1.80になるまで上げ

6. バイパス扉スタンバイ・スイッチ－下げ

7. 取り入れ口制御システムモード・スイッチ－リセット取り入れ口制御システムモード・スイッチ／指示灯－オンを確認

8. 取り入れ口制御システム・リセットスイッチを離す。始動前点検を終えたら、エンジンの始動に移る。エンジンの運転により生じる熱、風速、騒音の危険範囲がクリアされていることを確認する。

副操縦士席のサイド・コンソール。試験機ということもあって機長席のものとはかなり内容が異なる（写真：アメリカ空軍）

通常は第4、第6、第5、第3、第1、第2エンジンの順で始動する。スロットルをオフからアイドルに動かすと冷却ループ燃料ポンプ注意灯が点きエンジン始動後も点いているが、エンジン冷却が始まると消灯する。

エンジンの始動手順

エンジン始動手順は次のとおり。

1. 機首ブームカバー、カナードと翼ストライプ、ドラグシュート安全ピン－外れていることを確認
2. 車輪止め－地上クルーがチェック
3. 風防曇り止めスイッチ－オン
4. 一次油圧第2系統－作動油圧が最低でも4,000psi（27.6MPa）であることを確認
5. 地上クルーが第4エンジン周りがクリーンであることを確認
6. 第4エンジンのスロットル－オフを確認
7. 第4エンジン代替スロットル・スイッチ－一時的に中立であることを確認
8. 第4エンジンスロットル－アイドル
9. 地上始動スイッチ－オン
    a. 一次油圧系統第4ポンプ状況指示器－緑を確認
    b. 第2冷却ループ燃料ポンプ注意灯－点灯をチェック
10. スロットル・リセットボタン－押す。押してから8〜10秒後にリセットが始まる
11. 第4エンジン排気ガス温度－監視
12. アイドル回転数で第4エンジンの汎用および一次油圧ポンプ状況が緑であることを確認。また次の注意灯をチェックする
    ・エンジン潤滑油圧
    ・第2冷却燃料ポンプ
    ・第4エンジン識別
13. 第4エンジンの計器が制限値内であることを確認
14. 手順6から13により第6エンジン、続いて第5エンジンを始動
15. 一次油圧第1系統の作動油圧が最低4でも4,000psi（27.6MPa）であることを確認
16. 手順5から13により第1エンジンと第3エンジン、そして第2エンジンを始動

94

17. 第4エンジンの一次発電器スイッチ－オンで電圧を確認。115V±3Vが必要
18. 外部電源－オフ
19. 第3エンジンの一次発電器スイッチ－オン。
20. 第4エンジンの一次発電器スイッチ－オフで電圧をチェック
21. 第4エンジンの一次発電器スイッチ－オンで電圧をチェック
22. 冷却ポンプ注意灯－オフ
23. 地上の電源および油圧供給ユニット－地上クルーにより外す

タキシング前チェック

　エンジンの始動を終えたらタキシングに入るが、その前にタキシング前チェックリストを履行する。これは副操縦士が項目を読み上げて、機長が確認を行う。

1. 緊急発電器スイッチ－オン
2. 外部交流電源電圧－115V±3Vをチェック
3. 緊急発電器スイッチ－自動
4. 削除
5. トリム飛行増強システム－チェック。地上クルーが動翼の作動を報告
　・前脚操向スイッチは、方向舵ペダルを踏んだときに前脚が動かないよう、オフにしておくこと
　・動翼の動きのチェックには地上クルーが3人必要
　動翼のチェック手順は次のとおり
a. 操縦輪－動きをチェック。前後左右いっぱいまで動かす
b. 方向舵ペダル－動きの自由度をチェック
c. 一次ピッチトリム・ノブ－チェック
d. 補助トリム・ピッチ・スイッチ－機首上げにしたあと機首下げに

e. 予備トリム・アーミング・スイッチ－オフ
f. 予備トリム・アーミング・スイッチ－アームド
g. 補助トリム・ピッチ・スイッチ－機首上げにしたあと機首下げに
h. 予備トリム・アーミングスイッチ－オフにしたあとアームドに
i. 一次ピッチトリム・ノブ－機首下げ、そして機首上げにしたあと中立に
j. ヨートリム・スイッチ－機首左、そして機首右に
k. 予備トリムロール・スイッチ－左ロール、そして右ロールにしたあと中立に
l. 飛行増強制御システム獲得ボタン－押してチェック（全注意灯の点灯を確認）
m. 一次ロールトリム・ノブ－左、右そして中央から約4度で離す
n. 副操縦士の飛行増強システム解除ボタン－押す
o. 飛行増強システム獲得ボタン－押して一次ロールトリム・ボタンが中央に戻ったことを確認
p. 機長の飛行増強制御システム解除ボタン－押す
6. 飛行操縦装置の確認－横錘
a. 横錘スイッチ－指示器がオフになるまで押す
b. 操縦輪を左いっぱいに回したあと離す
c. 横錘スイッチ－指示器がロックになるまで押す
d. 操縦輪を右いっぱいに回したあと離して揺れ（2～3回）を確認
7. 飛行操縦装置の確認－エレボンとカナード
a. 操縦輪を目一杯引いて保持（カナードの前縁が6度下がる）。そして操縦輪を左いっぱいに回して離す（左エレボンが上がり、

右エレボンが下がる）。そのあと右いっぱいに回す（左エレボンが下がり、右エレボンが上がる）。最後にエレボンを中立にする
b. 操縦輪を完全に前に押す（カナードが6度の位置になる）。そのあと操縦輪を引いて中立位置にする。地上クルーがカナードの前縁が0度であることを確認しパイロットに報告
8. 飛行操縦装置の確認－方向舵
a. 完全右、完全左、そして中立に
9. フラップハンドル－フラップ下げ
a. 地上クルーがカナードの前縁が0度であることを確認し、フラップを下げても0度のままであることを確認
b. 操縦輪を前後に動かし、カナードの前縁が0度のままであることを確認
9A. 地上クルーによる機内点検
a. Sバンドレーダービーコン・スイッチ－オン
b. 手動緊急時降着装置ハンドル－通常で操縦室のレバーと接続されていることを確認
c. 燃料ポンプ試験スイッチとタンク選択スイッチ－オフ
d. 消火用窒素量－チェック
e. 主翼端緊急時上げリセットシステム・スイッチ－オフ
f. 主翼端緊急時上げスイッチ－オフ
g. 後方隔壁扉－閉じてロック
h. サーキットブレーカー－チェック
i. カプセル推力制御試験灯－オフ
j. 電気供給故障指示器バブル－試験し消滅を確認
k. エンジン個別サーキットブレーカー・スイッチ－オフ
l. 電気装置故障検知指示器バブル－試験し消滅を確認
m. 燃料タンクユニット選択装置

イッチ－入

n. 燃料モジュール・サーキットブレーカー電源スイッチ－オン

o. 液体冷却ポンプ・スイッチ－オン

p. 降着装置扉スイッチ－通常

q. 燃料ポンプスイッチ－通常

r. テープレコーダー－オン

s. カプセルハッチ・リム－バー－接続を確認

10. 離陸トリム・ボタン－押す

11. 代替スロットル・スイッチ－チェック

12. スロットル・リセットボタン－押してスロットルを確認

13. 地上クルーを出入りハッチ近くに立たせる

14. 乗員用空気遮断ハンドル－必要に応じて

15. 補助冷却スイッチ－オン

　15A. 冷却装置換気ポンプ・スイッチ－オン

16. UHF無線機（両席）－オフ

17. 地上冷却ユニット－完全バイパス（地上クルーがセット）

18. 乗降扉－地上クルーが閉じてロック

19. 換気ファン・スイッチ－オン

20. 電子機器温度ゲージ－華氏80度（26.7℃）以下なら地上冷却ユニットを外す

21. UHF無線機（両席）－オン

22. 削除

23. 削除

24. 降着装置安全ピン、車輪止め－外す

25. 前脚操向選択スイッチ－タクシー

26. 前脚操向獲得スイッチ－オン

27. 油圧作動油圧と作動油量－チェック

28. 地上インターコム－外す

　28A. 磁気および大円方位－チェック

　28B. 航法モード・スイッチ－磁方位

29. ブレーキ－解除

これでタキシングを開始できるが、タキシングに際しては次の点に注意すること。

・タキシング開始前に安全クリアランス範囲を確認する（P.40参照）

・方向転換（旋転）中の機体への損傷を最小化するため、旋転可能最大速度を超えない

・機首越しの最長見通し距離は機首ランプ引き込み応対で約90フィート（27.4m）

・タキシングで6基のエンジンすべてをアイドル推力にするのは不適切

・旋転は前脚操向で行い、左右の推力不均衡やブレーキ不均衡では行わない

またタキシング中に次の確認を行う。

1. ブレーキ－タクシーの初期および旋転時に圧をチェック

2. 前脚操向－チェック

3. 姿勢儀、水平状況指示器－チェック

4. 車輪ブレーキ・スイッチ－自動

5. 車輪ブレーキ試験スイッチ－チェック

整列前チェックリストとその後の手順

タキシングにより滑走路端に到着したら、整列前チェックリストを履行する。それは次のとおり。

1. 交流電源電圧－チェック

2. 空気吸入制御システム－チェック

3. 二次排気口スタンバイ圧力ノブ－チェック

4. 液体窒素量計－残量をチェック

5. 敵味方識別装置スイッチ－通常

6. タイヤとブレーキ－地上クルーがチェック

7. 飛行操縦装置－自由に動くことを確認

8. カナード翼フラップ－地上クルーが位置を確認

9. 離陸トリム・ボタン－押す

10. 油圧作動油圧と作動油量およびポンプ状態－チェック

11. 離陸データ－見直す

12. エンジン速度超過アーミングレバー－アウト

13. 衝突防止灯スイッチ－オン

14. 水残量ゲージ－チェック

15. バイパス区画と開口部マッハ－チェック

16. 空気取り入れ制御システム

　a. バイパスおよび開口部モード・スイッチ－すべてオフを確認（副操縦士）

　b. バイパスおよび開口部モード・スイッチ－すべてスタンバイを確認（機長）

17. 燃料量

　a. タンク8Lと8Rが13,500ポンド（6,124kg）以下であることを確認

　b. タンク5が26,000ポンド（11,340kg）以下であることを確認

18. 燃料タンク・ポンプスイッチ－自動

19. タンク3の量が高レベルであることを確認

20. 地上インターコム－外す

21. カプセル飛行状態安全ピン－抜く

22. ピトー管暖房スイッチ－オン

滑走路前での整列における手順を終了したら、次の手順を行う。

主翼端を完全下げ位置にしたXB-70Aの1号機。主翼の曲げ位置にはそれをはっきりと示すため黒いラインが入れられていた（写真：アメリカ空軍）

1. 前脚操向選択スイッチ－離着陸
　1A. 前脚操向獲得スイッチ－フェイルセーフ
2. スロットル－81％以上に進める
3. 凍結スイッチ－オン
　a. 電子機器室温度計－チェックと低下を確認
　b. 水注意灯－消灯
4. （必要があれば）スロットル－ミリタリー
5. スロットル－回転数85％
6. スロットル－70度。第3、第4エンジンのスロットルをすみやかに最小アフターバーナーに進めアフターバーナー灯が消えたら70度まで進める。そのあと第2、第5、第1、第6エンジンの順で同じ手順

を繰り返す
7. エンジン計器－チェック
8. 車輪ブレーキ－解除
9. スロットル－最大アフターバーナーか速度超過に進める

離陸および初期上昇での チェック

　離陸および初期上昇でのチェック項目は次のとおり。

1. 油圧システム－チェック
2. 降着装置ハンドル－上げ（指示対気速度300ノット＝556km/h以下で実施）
3. フラップハンドル－上げ（指示対気速度270ノット＝500km/h以下

で実施）
4. 電気および油圧システム－チェック
5. 機内高度と酸素－チェック
6. 補助冷却スイッチ－オフ
7. 水、窒素、酸素量－チェック
8. 燃料システム－チェック
　a. 燃料順序－チェック
　b. 燃料タンクポンプ・スイッチ－チェック
9. 空気取り入れ自動制御システム・モードスイッチ－自動
10. 翼端位置－マッハ0.95または指示対気速度400ノット（741km/h）で1/2位置
　a. 主翼端折り曲げモード・スイッチ－手動をチェック
　b. 主翼端一選択スイッチ－指示器で主翼端位置を確認

図3-1　XB-70Aの標準的な離陸時操縦手順

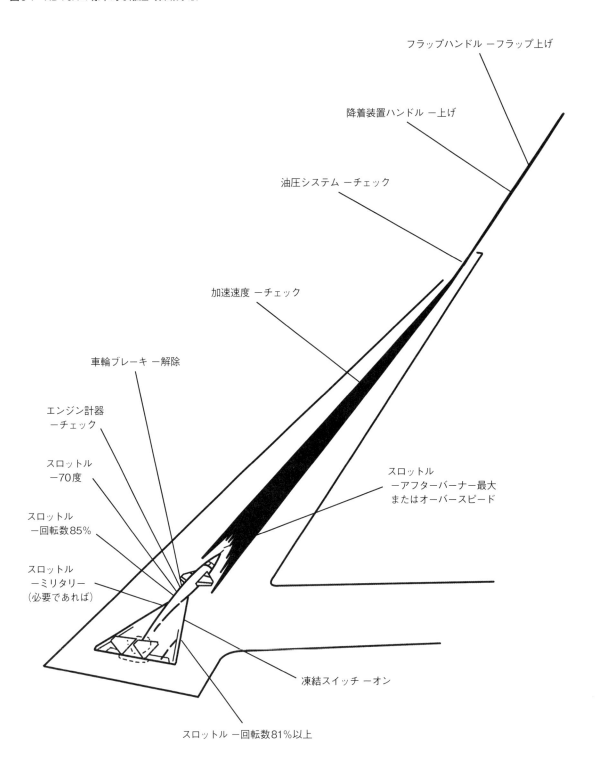

フラップハンドル ーフラップ上げ

降着装置ハンドル ー上げ

油圧システム ーチェック

加速速度 ーチェック

車輪ブレーキ ー解除

エンジン計器
ーチェック

スロットル
ー70度

スロットル
ー回転数85％

スロットル
ーミリタリー
（必要であれば）

スロットル
ーアフターバーナー最大
またはオーバースピード

凍結スイッチ ーオン

スロットル ー回転数81％以上

フルアフターバーナーでエドワーズ空軍基地を離陸するXB-70Aの1号機（写真：NASA）

11. 電気および油圧システム－電圧、作動油圧、作動油量をチェック

離陸と初期上昇における基本手順

　標準的な離陸と初期上昇における基本手順は、図3-1に示す。

　離陸を終えて加速と上昇を行うと、巡航飛行に入る。XB-70は高高度を高速で飛行することを目標に設計されていて、Section ⅡのP.46で記した中央エアデータ・システム（CADS）により制御により制御される対気速度－マッハ数指示器と高度-昇降速度指示器との2つの計器は、そうした飛行を行うXB-70にとってはきわめて重要な計器であるので、これらにつ

いて少し記しておく。ちなみにこの2つの計器は、通常も円形に指針というタイプではなく縦スケールで、読み取りやすくまた読み取り間違いが起こりにくくなるように設計されている。

XB-70のマッハ計と高度計/昇降計

　対気速度－マッハ数指示器の概要は図示したとおりで、中央にマッハ数スケールが、右に対気速度スケールがあってそれぞれの下に数字で示す小窓がある。この計器からは、速度情報のほかに飛行迎え角と加速度（G）の値も読み取ることができる。対気速度とマッハ数は中央エアデー

タ・システムから供給され、迎え角データは機首部にある各種のセンサーから、加速度は重心位置近くの遠隔加速度計からデータを得ている。迎え角は、1度単位のスケールから読み取るが、厳密に正確角な値を示すものではなく、おおよその（それでも十分な）機体の姿勢が把握できる。加速度スケールは、0.1G単位で飛行荷重が把握できる（図3-2）。

　もう1つの高度-昇降速度指示器は、飛行高度と上昇/降下の割合を示すもので、中央に高度スケールが、その左に昇降速度関連のスケールがあって、右側には全体高度スケールがある（図3-3）。

　XB-70は電波高度計を装備しておらず、ここに示される高度は気圧高度

図3-2　マッハ計

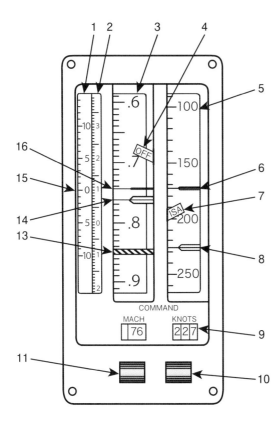

図3-3　高度計／昇降計

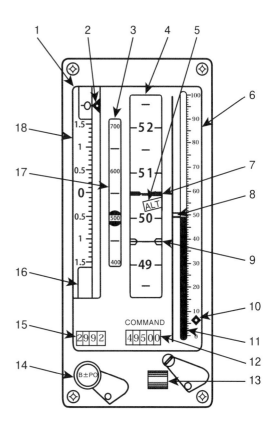

1. 迎え角スケール
2. 加速度(G)スケール
3. マッハ数スケール
4. 電源オフ警告フラッグ
5. 対気速度スケール
6. 固定指標線(対気速度)
7. 対気速度警告フラッグ
8. 指示対気速度マーカー
9. 指示対気速度読み取り窓
10. 指示対気速度変更スイッチ
11. 指示マッハ数変更スイッチ
12. 指示マッハ数読み取り窓
13. 可能最小マッハ数マーカー
14. 指示マッハ数マーカー
15. 固定指標線(迎え角および加速度)
16. 固定指標線(マッハ数)

1. 昇降移動スケール(上昇)
2. 昇降指標
3. 傾き姿勢スケール
4. 高度スケール(検知高度)
5. 高度警報フラッグ
6. 総高度スケール
7. 固定指標線(検知高度)
8. 指示高度マーカー(総高度)
9. 指示高度マーカー(検知高度)
10. 目標高度マーカー
11. 総高度指標(可動式)
12. 指示高度読み取り窓
13. 指示高度変更スイッチ
14. 大気圧補正設定ノブ
15. 補正大気圧読み取り窓
16. 昇降移動スケール(急降下)
17. 傾き姿勢固定指標線
18. 昇降固定スケール

主翼端を1/2下げ位置にして高速旋回を行うXB-70Aの2号機（写真：アメリカ空軍）

であり、昇降スケールの下に気圧補正値を数字で見る窓がある。補正値のセットは、その下の比較的大きなノブで行う。高度スケールに書かれている数字は1,000フィート（305m）単位で、「51」は51,000フィート（15,544m）を示している。昇降速度計は、上昇あるいは降下率が毎分2,000フィート（610m）以下であれば固定スケールに対して毎分100フィート（30.5m）単位で計測を行い、毎分2,000フィート以下ならば固定スケールの下で止まったままになる。

またこれまでに記したようにXB-70には、遷音速から超音速の高速飛行域で方向安定性を確保するために、主翼端をパイロットの操作により2段階で下げられるようになっている。このシステムの使用は飛行の状況に応じてパイロットの判断により行われるが、下げることができる飛行高度-速度域が定められている。その範囲はP.79の図2-23で示したとおりで、この範囲外で主翼端を下げると主翼部など機体構造への損傷を含む影響をおよぼす可能性がある。

降下手順と着陸前点検

任務飛行を終えると着陸に向けて降下に入るが、その際には次の手順に従う。

1. 第3、第4エンジンの回転数を87％以上で維持するか、次の操作を行う。
   a. 乗員用空気遮断ハンドル-引く
   b. 補助冷却スイッチ-オン
   c. 冷凍スイッチ-オフ
   d. 機内温度選択スイッチ-オフ
2. 液体窒素量計-チェック
3. 降着装置-下げる場合には以下の速度の上限制限を遵守する。
   高度40,000フィート（12,192m）でマッハ0.82
   高度35,000フィート（10,668m）でマッハ0.76
   高度30,000フィート（9,144m）でマッハ0.70
   高度27,000フィートで指示対気速度270ノット（500km/h）
4. 電気および油圧システム-チェック

そして次の着陸前点検を行う。

1. ブレーキ制御スイッチ-自動
2. 前輪操向選択スイッチ-離着陸
3. エンジン回転数ロックアップ・スイッチ-チェック
4. 燃料タンク順序および残量指示器-チェックし空のタンクはポンプスイッチをオフ
5. 着陸データ-計算ずみ。なおXB-70は着陸進入速度がほかの機種よりも高速であることから、より確実なタッチダウンを行うために、着陸時総重量とタッチダウン直前の適正引き起こし速度の目安が、**表3-1**のように定められている。
6. 飛行増強制御システム・スイッチ-オフ
7. 降着装置ハンドル-下げで降着装置位置灯をチェック
8. フラップハンドル-フラップ下げで位置灯をチェック
9. 電気および油圧システム-電圧、油圧作動油圧、作動油量をチェック
10. アンモニア量計-チェック
11. 補助冷却スイッチ-オンをチェック
12. 冷凍スイッチ-オフ（風防防氷を呼ぶ雨滴除去スイッチが入っている場合はこちらもオフ）

図3-4　標準的な着陸パターンと操作

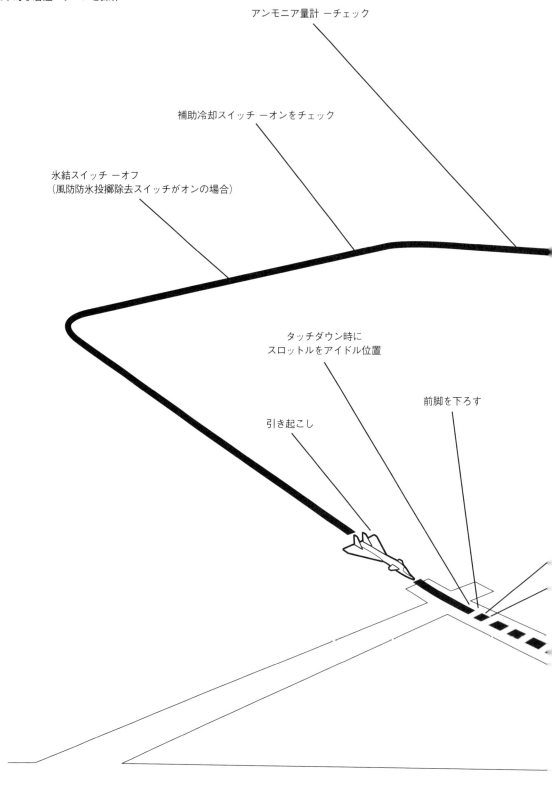

アンモニア量計 ーチェック

補助冷却スイッチ ーオンをチェック

氷結スイッチ ーオフ
（風防防氷投擲除去スイッチがオンの場合）

タッチダウン時に
スロットルをアイドル位置

前脚を下ろす

引き起こし

着陸パターン速度	
ダウンウインド	― 引き起こし速度+50ノット（93km/h）
ベースレグ	― 引き起こし速度+30ノット（56km/h）
最終進入	― 引き起こし速度+10ノット（19km/h）

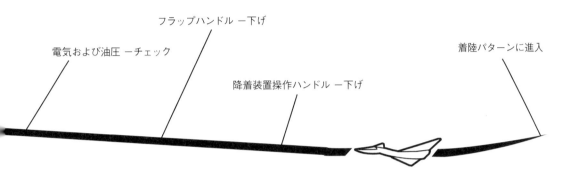

電気および油圧 ―チェック

フラップハンドル ―下げ

降着装置操作ハンドル ―下げ

着陸パターンに進入

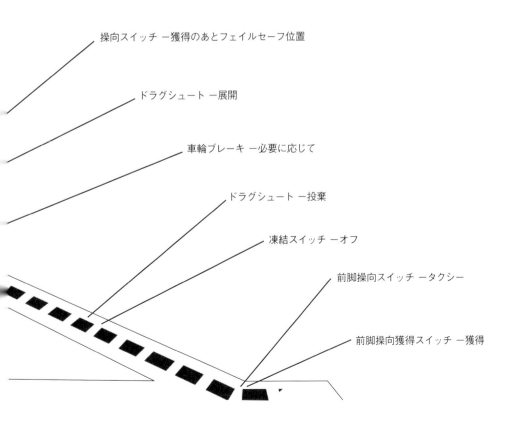

操向スイッチ ―獲得のあとフェイルセーフ位置

ドラグシュート ―展開

車輪ブレーキ ―必要に応じて

ドラグシュート ―投棄

凍結スイッチ ―オフ

前脚操向スイッチ ―タクシー

前脚操向獲得スイッチ ―獲得

表3-1　重量対引き起こし速度

総重量	引き起こし速度（較正対気速度）
280,000ポンド（127,008kg）	175ノット（324km/h）
290,000ポンド（131,544kg）	178ノット（330km/h）
300,000ポンド（136,080kg）	181ノット（335km/h）
310,000ポンド（140,616kg）	184ノット（341km/h）
320,000ポンド（14,5,152kg）	186ノット（344km/h）
340,000ポンド（154,224kg）	192ノット（356km/h）
360,000ポンド（163,296kg）	197ノット（365km/h）
380,000ポンド（172,368kg）	201ノット（372km/h）
400,000ポンド（181,440kg）	206ノット（381km/h）
420,000ポンド（190,512kg）	210ノット（389km/h）
440,000ポンド（199.584kg）	215ノット（398km/h）
460,000ポンド（208,656kg）	219ノット（406km/h）

着陸時点検

着陸時の点検は次のとおり。

1. 削除
2. スロットル－タッチダウン時にはアイドル
3. 前輪を下ろす
4. 前脚操向獲得スイッチ－獲得にしたあとフェイルセーフに
5. ドラグシュート展開ハンドル－展開（指示対気速度220ノット＝407km/h）以下
6. 車輪ブレーキ－必要に応じて
7. ドラグシュート・ハンドル－戻してシュートを投棄（推奨速度は指示対気速度60～70ノット＝111～130km/h）。機体構造に損傷を与えそうな可能性がある状況では投棄は行わない
8. 削除

9. 冷凍スイッチ－着陸滑走後にオフ
10. 削除
11. 前脚操向スイッチ－タクシー
12. 前脚操向獲得スイッチ－獲得

標準的着陸と標準的着陸の手順

標準的な着陸パターンは図3-4のとおり。

着陸進入時に、なんらかの理由で滑走路への正常な着陸が困難になったときには、着陸のやり直し（ゴーアラウンド）を行い、再度着陸を試みることになる。標準的なゴーアラウンドの手順は図3-5に示したとおりで、上昇して飛行場の場周経路に入ったあとは着陸時の操縦方式と手順を再度履行する。

ゴーアラウンド時も含めて、正常に着陸して着陸滑走を終えたら、で

きるだけすみやかに滑走路を外れることで滑走路の使用を可能にする。滑走路を外れたあとの点検項目は次のとおり。

1. 削除
2. 削除
3. 衝突防止灯スイッチ－オフ
4. フラップハンドル－フラップ上げ
5. 座席安全ピン－挿入
6. 電気および油圧システム－チェックしモニター
7. TACANおよび計器着陸装置－オフ
8. ピトー管暖房スイッチ－オフ
9. 風防防氷および雨滴除去スイッチ－オフ
10. 風防曇り止めスイッチ－オフ
11. 敵味方識別装置－オフ
12. ブレーキ－チェック
　a. ブレーキ・スイッチを保持して

各自動ブレーキの作動を確認し、最後に中央（オフ）に
b. ブレーキ制御スイッチ－手動

続いて、エンジンの停止を次の手順で行うが、エンジンは停止前に3分以上、80％の回転数で運転されていなければならない。

1. 主輪ブレーキ保持ボタン－獲得
2. スロットル－オフ（第6、第1、第2の順）
3. 空気吸入制御システムパッケージ電源スイッチ－オフ
4. 燃料タンクポンプ・スイッチ－すべてオフ
5. 緊急時発電器スイッチ－オフ
6. UHF無線機－オフ
7. 前輪車輪止め－挿入
8. ブレーキ－ブレーキペダルを押してそのあと解除
9. 第5エンジン・スロットル－オフ
10. 第3一次発電器スイッチ－オフ
11. 第3エンジン・スロットル－オフ
12. 空気換気ファンスイッチ－オフ
13. 補助冷却スイッチ－オフ
14. 冷却循環ポンプ・スイッチ－オフ
15. 第4エンジン・スロットル－オフ
16. 第4一次発電器スイッチ－オフ
17. 操縦輪－停止位置
18. 酸素トグル・バルブ－オフ
19. 飛行状況安全ピン－チェックし挿入

これらを終えたら機体を離れるが、次の確認を行う。

1. 照明スイッチ－オフ
2. 飛行状況安全ピン－チェック
3. 781書式あるいはそれと同等のもの－記入ずみ

なおXB-70のフライト・マニュアルには、離着陸時に起こりうる緊急事態とその対処についても、次のような記載がある。

離陸の中断または回避は、状況の深刻さによって行う作業は増えるが、まず次の操作を行うことが必要である。

1. すべてのエンジン－アイドル
2. ドラグシュート・ハンドル－展開
3. 車輪ブレーキ－適用

機体が大きくまた重いこと、そして降着装置の配置から、滑走路オーバーラン防止用ネットにより機体を停止させることは、ほとんど期待できない。

離陸時のタイヤの不具合は、着陸時のそれよりも困難さの度合いを高くする。通常、離陸速度は高速であるため、滑走路上をまっすぐ維持する方向制御が困難になる。タイヤの不具合が発生、あるいはそれが予期できたら離陸意思決定速度に達する前に離陸回避を決まることを推奨する。ブレーキの使用は、効果を得られないだけでなく、ほかのタイヤにもストレスを与えて、不具合を発生させることになる。タイヤの不具合発生を認識したあとも離陸を継続するのであれば、随伴機あるいは管制塔の管制官がタイヤなどの状態を目視で確認し報告が届くまで、降着装置を収納してはいけない。

離陸時に前脚タイヤに不具合が発生、あるいは不具合の発生を予期できたら、離陸を中断するか継続するかになるが中断するのであれば操縦輪を引いて、可能なかぎり停止時の前輪への負荷を減らす。離陸決定速度を超えての不具合発生ならば、離陸操縦を継続することで前輪への負荷を減らすことができる。

離陸時に主輪に不具合が発生、あるいはそれを予期できたときは、次の離陸回避操作を行う。まず、ブレーキをかける。操縦輪を前方に押すことで、ほかの主輪への負荷を減らせる。不具合を起こした主輪側の主翼が発生揚力を増やすため傾きが生じるので、方向制御でそれを修正する。離陸を継続した場合は、操縦輪への前方への圧力と、方向修正の操縦力を続けることで、ほかの主輪への負荷を減らせる。

着陸時の前輪不具合発生時の対処法

着陸時に前輪の不具合発生が確認あるいは予期できたときには、次の手順をとる。

1. 着陸重量－燃料を減らして重心位置をできるだけ前方に移せば、それだけ安全に着陸できる
2. 通常の進入とタッチダウンを行う
3. 前輪－もち上げ。可能なかぎりもち上げ状態を保つ
4. 前輪－タッチダウン。前輪をタッチダウンさせたあとも操縦輪に引く力をかけて、前輪への負荷を軽減する
5. ドラグシュート・ハンドル－展開
6. 前輪操向スイッチ－獲得、そしてフェイルセーフ

着陸時の主輪への不具合発生あるいは予期できた場合の手順は次のとおり。

1. 着陸重量－減らす
2. 通常の着陸手順をとる
3. タッチダウン。タッチダウン後は前輪を下ろして方向安定性を確保し、さらなるタイヤ不具合の発生

図3-5　通常のゴーアラウンド手順

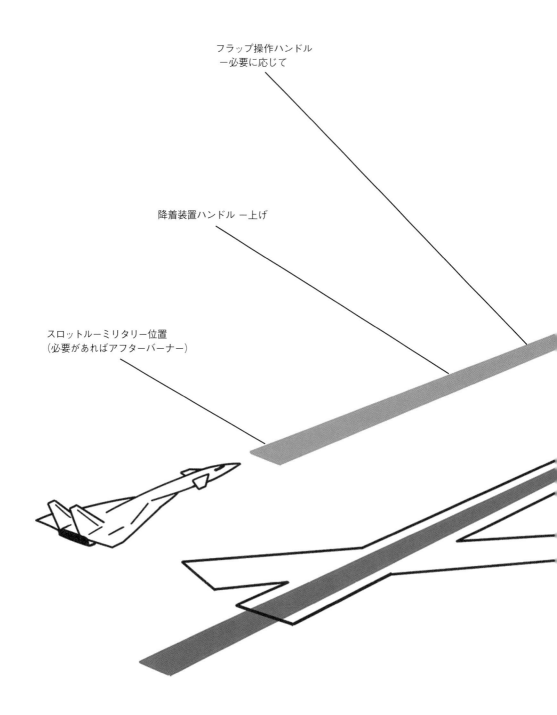

フラップ操作ハンドル
ー必要に応じて

降着装置ハンドル ー上げ

スロットルーミリタリー位置
（必要があればアフターバーナー）

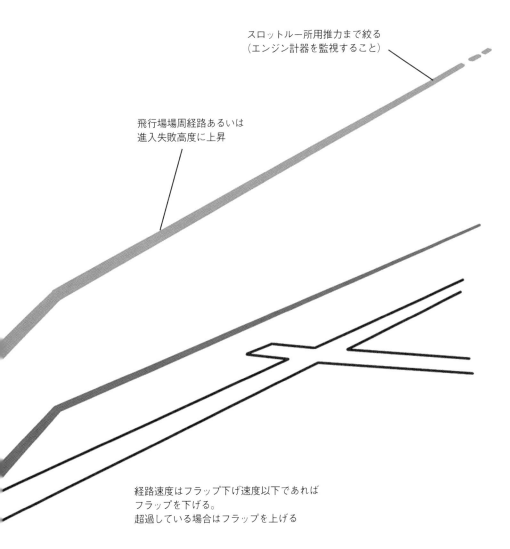

スロットルー所用推力まで絞る
（エンジン計器を監視すること）

飛行場場周経路あるいは
進入失敗高度に上昇

経路速度はフラップ下げ速度以下であれば
フラップを下げる。
超過している場合はフラップを上げる

主翼前縁付け根部からボルテックスの渦流をだして離陸するXB-70Aの2号機 (写真：ノースアメリカン)

を回避する

4. 前輪操向スイッチ－獲得、そしてフェイルセーフ

5. ドラグシュート・ハンドル－展開

6. 主輪ブレーキ－適用

※未舗装の滑走路や地面への着陸は試みてはならない

　降着装置のうち、前脚の上げおよびロックが続いていて下げられないときは、緊急着陸ではなく、脱出を行う。

　前脚が下がってロックされたが左右の主脚の下げおよびロックができていないときには、通常の着陸手順に準じて着陸パターンを飛行し、最小降下率にしてタッチダウンを行う。

　この着陸を行う場合には、次の手順をとる。

1. 重量を減らす－少なくとも1回はゴーアラウンド・パターンの飛行を行う

2. 地上脱出ハッチ投棄ハンドル－最終進入の直前に引く

3. ショルダーハーネス－ロック

4. 7度の迎え角でタッチダウンする

5. ドラグシュート・ハンドル－前輪をタッチダウンさせたあとに展開

6. スロットル－オフ

　前脚と主脚が下がりまたロックされたものの、随伴機や管制塔が主輪

ボギーの位置が安全ではないと確認したときは、通常の着陸パターンを飛行したあと最小降下率および最小タッチダウン速度でタッチダウンする。すべての脚が下がらない場合に、胴体着陸を行ってはならない。

　カナード翼のフラップには、代替の操作系統がないため、上げ位置から作動しなくなった場合には上げ位置で着陸を行う。特別な操作は必要なく、注意点もないが、最終進入とタッチダウン速度は指示対気速度で10ノット（19km/h）程度高速になる。

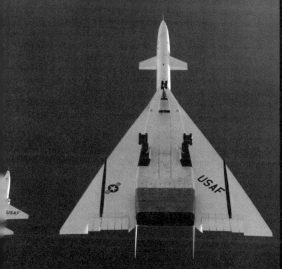

Road to Valkyrie

XB-70への道

写真上中：アメリカ空軍、下：NASA

6基のエンジンのアフターバーナーに点火して高高度高速飛行を行うXB-70Aの1号機（写真：アメリカ空軍）

Road to Valkyrie
XB-70への道

第二次世界大戦後に爆撃機もすぐにジェット時代に入り、
着実に進歩を続けた。バルキリーはその頂点に立つはずだったが、
脅威や戦略構想の変化がそれを阻むことになってしまった。

プロペラ機から
ジェット機へ

　第二次世界大戦は、航空機に多くの発展や進歩をもたらした。そのなかでも最たるものが、噴射式推進装置であるジェット・エンジンの実用化であったことは論を待たない。

　ドイツが開発して1942年7月18日にジェット・エンジン装備型が初飛行し1944年4月19日に部隊就役を開始して世界初の実用ジェット戦闘機となったメッサーシュミットMe262は、その高速飛行能力で連合軍戦闘機の度肝を抜いた。490ノット（907km/h）という最大速度は連合軍の主力機であったノースアメリカンP-51Dマスタングの383ノット（709km/h）よりも1.3倍高速で、さらに460ノット（852km/h）で約1時間を飛行することができた。連合諸国もジェット機の研究・開発は行っていたが、実際の戦闘に使用する従来型の戦闘機や爆撃機の製造に高い優先度を置いていたから、戦争中に実用化に至ったのはイギリスのグロスター・ミーティア（1943年3月5日初飛行）だけで、しかもその就役は1944年7月27日と、ナチス・ドイツ降伏の1945年5月7日のわずか1年弱前であったから、実際の戦闘にはほとんど貢献しなかった。ナチス・ドイツはほかにも、アラドAr234ハインケルHe162、フィーゼラーFi103R、ホルテンHo229などのジェット機の開発・製造を行っていて戦争中のジェット機技術は、ドイツの独壇場だったのである。

　戦争に勝利した連合軍諸国は、占領下に置いたドイツからさまざまな技術的資料を入手し、そのなかにはもちろんジェット機に関するものも含まれていた。戦争の終結前にイギリスがジェット戦闘機を実用化させ

世界初の実用ジェット戦闘機メッサーシュミットMe262。主翼前縁に後退角をつけた後退翼を備えていた（写真：Wikimedia Commons）

イギリス空軍最初のジェット戦闘機グロスター・ミーティア。写真は戦後の改良型ミーティアF.Mk8だが、主翼は直線翼だ（写真：Wikimedia Commons）

アメリカ最初のジェット戦闘機ベルP-59エアラコメットの試作機XP-59A。主翼が直線翼で性能は期待外れだった（写真：ベル）

旧ソ連最初のジェット戦闘機ヤコブレフYak-15"フェザー"。直線の主翼や尾輪式降着装置など、レシプロ戦闘機の設計を引きずっていた（写真：Wikimedia Commons）

ていたように、ジェット・エンジンに関する研究が進んでいた国もあったが、多くの研究がなされ、加えてより先進の知見が盛り込まれたドイツの資料は超一級の価値があり、また自前で研究を行う手間を省けることにつながった。こうして主要諸国で、ジェット機の研究・開発が進められることになった。その最初の機種はもちろん戦闘機だったのだが、すぐに壁にぶつかることになったのである。

ジェット推進装置の最大の魅力は高速飛行を可能にすることで、ドイツのMe262がそれを実証していた。しかし、実際にはそううまくは進まなかったのである。アメリカ最初のジェット戦闘機のベルP-59エアラコメットの

最大速度は359ノット（665km/h）で、P-51Dよりも25ノット（46km/h）程度遅く、期待された速度性能面ではまったく魅力に欠けるものであった。そうしたこともあって製造機数は66機にとどまり、失敗作といえるものに終わってしまった。

ソ連のジェット戦闘機開発はイギリスとアメリカから大きく遅れをとり、実用ジェット戦闘機開発の一番手となったのはヤコブレフ設計局で、1946年4月24日にYak-15"フェザー"を初飛行させた。こちらの最大速度は公称で425ノット（787km/h）とされ、Me262にはおよばないものの、P-59を上回るものではあった。それでもごく初期のジェット戦闘機は、

期待されていた高速飛行能力を発揮できなかった。

その解決策は、やはりドイツから押収した研究資料のなかにあった。主翼の取りつけに角度をつけて、斜め後ろ方向に伸ばすというものであった。それまでに設計されていたジェット戦闘機はレシプロ・エンジン戦闘機と同様に主翼を、胴体中心線に対して直角に取りつけて左右に伸ばしていたのである。

ドイツの研究で判明していたことは、航空機が高速で飛行を行い、その速度が音速に近づいていくと、空気の圧縮性により衝撃波が発生して抵抗が急激に増大する。この現象は、マッハ0.7を超したあたりから始ま

旧ソ連でも後退翼ジェット戦闘機ミコヤンMiG-15"ファゴット"が誕生した。写真は基本設計はそのままでさらに性能を高めたMiG-17F"フレスコC"（写真：青木謙知）

後退角つき主翼の導入でジェット戦闘機の飛行性能は大きく高まった。写真はその代表例であるノースアメリカンF-86Aセイバー（写真：アメリカ空軍）

り、音速（マッハ1）でその頂点に達して、これを超すとまた抵抗はいくぶん低下するのだが超音速での現象はその後の研究で判明したものだ。そして主翼を真横に直線で伸ばすと、遷音速域での抵抗の増大が主翼全体の前縁で同時に発生することになり、大きな抗力を受けることになって、速度の高速化を阻むのである。

しかし主翼を斜め後方に延ばす形にすると、抵抗を受ける際に時間差が生じることになる。後退角をつけると、まずいちばん前にある付け根部分で抵抗が発生し、翼端部に向かうにつれて前縁では抵抗の発生が遅れて進み、その結果、抵抗の影響がやわらげられ飛行速度の上昇が可能になるので、高速飛行性能を追求する航空機には適した形態となるのであった。

こうした主翼で機体の平面形において、中心線に対して垂直に交わる線を基準線とし、それと主翼の後ろ方向への傾きの角度を「後退角」といい、後退角がついている翼のことは「後退翼」という。後退角は多くの場合、主翼翼弦長の25％の位置を結んだ直線（25％翼弦）か前縁が機体の中心線とが成す角度である。ちなみにドイツのMe262は、主翼前縁で15度の後退角を有していた。

この後退角の効果は抜群で、すぐにジェット戦闘機を高速化し、アメリカではノースアメリカンF-86セイバー、ソ連ではミコヤン・グレビッチMiG-15"ファゴット"という、第一世代ジェット戦闘機を代表する傑作機を生みだした。最大速度はF-86が597ノット（1,106km/h）、MiG-15が581ノット（1,076km/h）で、F-86は高高度から

の急降下飛行で音速の壁を突破する超音速飛行が可能であった。

戦略爆撃機のジェット化

航空機のジェット化の波は戦闘機だけにとどまらず、ほかの機種にも波及していった。大型機の分野ではまずイギリスのデ・ハビランドが世界初のジェット旅客機D.H.104コメットを開発して、1949年7月27日に初飛行させて1952年5月2日に実用就航させた。これに対してアメリカは、戦時中にダグラスやロッキードが多数の大型輸送機を製造し供給していたため、技術的なリスクが低くまた運航コストの安い、ジェット・エンジンでプロペラを駆動するターボプロップ機を戦後の旅客機の主軸に置こうと考えていた。

ダム破壊用の特殊な爆弾を投下するイギリス空軍のアブロ・ランカスター。一連のダム攻撃はドイツの継戦能力を奪っていった（写真：イギリス王立戦争博物館）

第二次世界大戦では4発の大型爆撃機（4発重爆）の破壊力が連合国軍を勝利に導いた。写真はコンソリデーテッドB-24Dリベレーター（写真：アメリカ陸軍）

ボーイングが独自に開発したジェット旅客機原型のモデル367-80。ボーイングはこの機種で大型機の基準となる後退角35度の主翼を生みだした（写真：ボーイング）

4発重爆の頂点となったボーイングB-29スーパーフォートレス。太平洋戦争を終結に導いた戦略爆撃機と原子爆弾は、戦争を終わらせる切り札と考えられるようになった（写真：Wikimedia Commons）

　しかし戦争中に、同じ大型機ではあるものの爆撃機のみに集中して製造を受けもっていたボーイングには、ターボプロップ化する母体がなかった。そこでボーイングは、独自に新設計のジェット旅客機を開発することを決めて、ジェット旅客機原型、モデル367-80（通称ダッシュ・エイティ）を完成させて、1954年7月15日に初飛行させた。これがその後、ボーイング最初のジェット旅客機ボーイング707に発展して1957年12月21日に初飛行した。コメットの初飛行からは5年遅れではあったが、コメットが連続事故を起こして飛行停止になった時期があったためプロジェクトとしてはほぼ追いつくことができた。

　ボーイングは自社資金を投じたプロジェクトであったことからこれを「スピードへのギャンブル」とも呼んでいる。ただ当時アメリカ空軍がジェット戦闘機用の高速空中給油機

を必要としていて、ダッシュ・エイティがうまく進めばそこでの採用はほぼ確約されていたから、まったく勝ち目のないギャンブルではなかった。いずれにしてもダッシュ・エイティは、KC-135Aストラトタンカーとして採用された。

　ダッシュ・エイティ/ボーイング707がもたらした成果の1つが、25%翼弦での後退角35度という設計の主翼であった。今日の、経済性を追求したジェット旅客機に比べるときつめの後退角に見えるが、高速性能を求めるのであれば後退角はきついほうがよい。そして1960年代を通じてこの35度という後退角は、高速大型機向け主翼の基準となったのである。

　第二次世界大戦でその存在意義を存分に知らしめたのが爆撃機であった。ヨーロッパでは、アメリカ陸軍とイギリス空軍の爆撃機によって繰り返し行われたドイツの産業地域への

戦略爆撃が、着実にドイツの継戦能力を奪っていき、軍の弱体化へとつなげた。そして太平洋では、アメリカ陸軍のボーイングB-29スーパーフォートレスが投下したわずか2発の特別兵器（原子爆弾）が、日本に無条件降伏を決意させた。特に後者は、即座に戦争を終結できる新たな戦略攻撃手段とそのための兵器であるという認識を、戦勝国のなかの大国に植えつけた。その結果アメリカで始まった核爆弾の装備は、ソ連、イギリス、フランスへと広がり、これら各国では核爆弾を搭載できる爆撃機の開発が着手された。そしてそれらは当然、ジェット推進の爆撃機となった。

　ここでXB-70までのアメリカのジェット爆撃機の流れを、振り返ることにする。

アメリカ最初のジェット爆撃機で
あるノースアメリカンB-45トー
ネード。抵抗の大きいエンジンの
取りつけや直線の主翼など、
ジェット推進の特性を活かせない
設計であった
（写真：ノースアメリカン）

離陸後に上昇に移らず超低空飛行を続け
るB-45の試作機XB-45
（写真：ノースアメリカン）

ノースアメリカン B-45 トーネード

　アメリカ最初のジェット爆撃機と
なったのが、ノースアメリカンB-45
トーネードである。アメリカ陸軍に
よるジェット爆撃機の構想は1944年
9月にノースアメリカンのNA-130設
計の試作機製造で着手されたが、戦
時中であったことから開発の優先順
位は低く、作業に本腰が入れられる
ようになったのは戦後のことであり、
試作機XB-45の初号機が初飛行した
のは1947年2月24日になってのこと
であった。また量産型B-45Aの初飛
行は、1948年2月に行われた。アメリ
カ陸軍航空軍は1947年9月18日にア

メリカ空軍となり、B-45は1948年3
月にアメリカ空軍で就役を開始し
た。このB-45は、アメリカ空軍初の
実用ジェット爆撃機であり、アメリ
カ空軍初の空中給油を受けられる
ジェット機であり、アメリカ空軍初
の核爆弾を投下できるジェット爆撃
機であった。

　搭乗員は機長と副操縦士、爆撃兼
航法士、尾部銃手の4人で、エンジン
はF-86セイバーなどに使われたジェ
ネラル・エレクトリックJ47ターボ
ジェット（28.8kN）4基で、2基ずつを
1つのポッドに収めて左右の主翼に密

着させて取りつけていた。主翼は直線
翼であったから、最大速度性能は492
ノット（911km/h）でしかなかった。
また、胴体内の爆弾倉に最大で22,000
ポンド（9,980kg）の爆弾類を搭載で
きたが実質的な戦闘航続距離は1,036
海里（1,920km）と、到底戦略爆撃機
と呼べるものではなかった。ただ偵
察型RB-45も作られて、イギリス空
軍によるヨーロッパでの活動や、朝
鮮戦争に投入されるなどしたことか
ら、全部で143機が作られた。計画さ
れたものも含めて生産型としては、
次のものがあった。

ラングレー空軍基地における第47軽爆撃
航空団のB-45Aの列線
（写真：アメリカ空軍）

機首内部にカメラを装着したB-45の偵察型
RB-45C（写真：アメリカ空軍）

◇B-45A：最初の生産型でE-4自動
　同重装置と爆撃航法レーダーを装
　備。
◇B-45B：火器管制装置の改良型。
　製造されず。
◇B-45C：空中給油能力を備えたタ
　イプ。
◇RB-45C：偵察専用型でジェット
　補助離陸機能を有した。

[データ：B-45A]

全幅　27.13m	巡航速度　752km/h
全長　29.62m	初期上昇率　1,824m/分
全高　7.67m	実用上昇限度　14,143m
主翼面積　109.2m²	戦闘上昇限度　13,045m
空虚重量　20,727kg	戦闘行動半径　853km（爆弾4,536kg
最大離陸重量　36,931kg	搭載時）
エンジン　ジェネラル・エレクトリック	固定武装　M-3 12.7mm機関銃×3
J47-GE-13/-15×4	最大爆弾搭載量　9,978kg
最大推力　23.1kN	乗員　4人
最大速度　914km/h	

左右胴体側面に装着した離陸補助用の
ジェットボトルに点火したB-47
（写真：Wikimedia Commons）

35度の後退角つきの主翼、縦列複座の
コクピットを特徴とするB-47
（写真：アメリカ空軍）

ボーイング B-47ストラトジェット

　本格的なジェット戦略爆撃機とし
て開発されたのが、ボーイングB-47ス
トラトジェットである。前記したよう
にドイツから後退翼に関する研究資
料などを入手すると、ボーイングが後
退翼つきのジェット爆撃機案であるモ
デル448を提案した。しかしこの設計
には、エンジンの取りつけ方法や安全
性などに問題があることが指摘され、
そこでボーイング社は設計変更を加
えたモデル450を再提案し、1946年春
に試作機XB-47として製造契約を獲
得したのである。このXB-47は、アリ

ソン／ジェネラル・エレクトリックJ35
ターボジェット・エンジン（24.9kN）6
基を装備するもので、両主翼内側に2
基を一組にまとめて装着し、さらに外
側に1基ずつを取りつけて6発機とす
るという構成が取られていた（のちの
主要な量産型では32.6kNのジェネラ
ル・エレクトリックJ47）。その初号機
は1947年12月17日に初飛行し、飛行
試験で良好な結果を示したことで
1949年にB-47Aストラトジェットの
量産契約が与えられている。ただ
B-47Aは10機しか作られず、続いて

最大重量を引き上げるとともに空中
給油を可能にしたB-47B、補助ロケッ
ト・エンジンも装備できるようにした
B-47Eへと改良が続けられていった。
　B-47は最終的に2,042機が製造さ
れて、ボーイングだけでは生産が間
に合わず、ダグラスが246機、ロッ
キード社386機を製造している。これ
だけの機数が作られた1つ理由は、核
兵器の有効な運搬手段は長距離爆撃
機だけだったことにある。このため
米ソは新しい爆撃機の開発に力を注
ぐ必要があったのは確かだ。ただそ

無塗装状態での飛行試験中に
カリフォルニア州の爆撃試験
場上空を飛ぶB-47B
（写真：アメリカ空軍）

ジェット補助離陸システムを使って大
きく噴煙を巻き上げて離陸するB-47E
ストラトジェット（写真：アメリカ空軍）

れに加えて1950年代初めにソ連が、タイプ37（ミヤシシチェフM-4"バイソン"）、タイプ39（ツポレフTu-16"バジャー"）、タイプ40（ツポレフTu-95"ベア"）といった新爆撃機を披露し、しかもそれらが多数作られていると推測されて爆撃機の保有機数に大きな差があるという、「ボマー・ギャップ」論争が起き、その勢いで生産機数が増えたという一面もある。実際にB-47は、最大爆弾搭載量25,000ポンド（11,340kg）、10,845ポンド（4,919kg）の爆弾搭載量ならば戦闘行動半径1,740海里（3,221km）という性能（いずれもB-47E）で、核戦略爆撃機というにはかなり見劣りするものであった。ほぼ同時期に開発されたMk15 熱核爆弾（水爆）は7,600ポンド（3,447kg）で、大きさの制約もあってB-47は1発のみの搭載であった。初期の各爆弾で搭載可能とされたのはMk15（威力3.8MT）2発、B28（同1.1〜1.45MT）4発、B41（同2.5MT）1発、B53（同9MT）1発で一定の核打撃力は見込めたとはいえたが、空軍が求めていたものは満たすものではなかった。そしてB-47の短い航続距離では、敵の心臓部まで飛行して核攻撃を行うことも望めなかった。こうしたことと、B-52の開発が決まったことから、B-47の就役期間は比較的短く、1967年12月には

第一線部隊から退役している。

なおB-47では、最初の量産型であるB-47Aとエンジンをパワーアップ型にするとともに空中給油を可能にしたB-47B、火器管制装置や搭載電子機器類を更新型にしたB-47Eの基本爆撃型があり、B-47BとB-47Eでは

偵察型RB-47B/Eや気象偵察型EB-47B/Eをはじめとして、いくつかの特殊型も作られている。またそのほかにも、細かな改良を加えたり、用途を転用したEB-47E、QB-47E、RB-47H、RB-47K、EB-47Lなどの特殊型も運用された。

[DATA (B-47各型)：B-47E]

全幅　35.36m	巡航速度　896km/h
全長　32.64m	最良上昇率　1,420m/分
全高　8.53m	実用上昇限度　12,344m
主翼面積　132.7m²	戦闘航続距離　3,240km（爆弾
空虚重量　36,287kg	9,100kg搭載時）
最大離陸重量　10,244kg	フェリー航続距離　7,479km
エンジン　ジェネラル・エレクトリック	固定武装　M24A1 20mm機関砲×2
J47-GE-25×6	爆弾類搭載量　11,340kg
最大推力　32.0kN	乗員　3人
最大速度　977km/h	

縦列複座のコクピットなど、前作のB-47の設計を受けついでいるB-52の試作機XB-52。量産機ではコクピットは大きく変更された（写真：ボーイング）

ボーイング B-52ストラトフォートレス

B-47は、「ボマー・ギャップ」論争にも後押しされて大量に生産されたが、ジェット爆撃機を急いで実用化するために開発されたものであり、航続距離で見ると中距離爆撃機であって、本格的な戦略核爆撃機ではなかった。そこでアメリカ空軍は、ピストン・エンジンの大型長距離爆撃機であるコンベアB-36ピースメーカーに代わる新型機も必要であると考え、1946年にその計画をスタートさせた。これに対しB-47の実績をもつボーイング社は当初、ターボプロップ6発のモデル462を提案したが、すぐにB-47同様の後退翼を備えたジェット8発のモデル464に提案を変更し、その試作機XB-52の製造

契約を獲得した。しかし試作機のXB-52は装備品の製造などで問題が生じたため完成が遅れ、実用試験型のYB-52が先に初飛行することになり、そのYB-52は1952年4月15日に初飛行した。本来の試作機であるXB-52が初飛行したのは1952年10月9日のことであった。

少し話を戻すと、後退角つきの主翼にターボジェット・エンジンを装備するXB-52のモックアップ審査が、1949年4月26〜29日の4日間にわたって行われた。この時点で空軍は、B-52で計画されている航続力が実現できるかに疑念を抱いていた。搭載予定のプラット＆ホイットニーJ57エンジンはまだ開発段階にあって、

その時点の情報では、戦闘行動半径はわずか2,700海里（5,000km）にしかならないと考えられていたのである。この戦闘行動半径が約束されたものの、空軍はまだ範囲にいくつかの疑問をもっていた。そして空軍資材コマンドで調達および産業計画の監督者であったオービルR.クック大将は、この短い航続距離性能に、大いに不満で、プログラム全体の見直し、あるいは機種選定作業の再実施を望んでいた。

しかし、戦略航空コマンドの司令官になっていたルメイ大将は、B-52の能力を強く確信していて、作業の推進を支持していた。彼は、航続距離の問題はエンジンの開発に起因する

主翼下にAGM-28ハウンドドッグ核弾頭装備可能空対地ミサイルを搭載してワシントン州のボーイング・フィールドを離陸するB-52F。機首部のコクピット部はXB-52から大きく設計変更された（写真：ボーイング）

ノースダコタ州マイノット空軍基地における第5爆撃行機構空団のボーイングB-52Hストラトフォートレス。今も主力戦略爆撃機であり続けている（写真：アメリカ空軍）

ヨーロッパの軍事演習でロッキード・マーチンF-35AライトニングⅡ、ロッキード・マーチンF-16Cファイティング・ファルコンと編隊を組んだ
第2爆撃航空団第20爆撃飛行隊のB-52H（写真：アメリカ空軍）

ものであって、ジェット推進機対プロペラ推進機では、速度と航続力のいずれか一方で性能が劣ることを受け入れなければならないと明言した。1949年11月にボーイングは、モデル464-49の航続距離性能が不十分であることが、B-52プログラム全体を危険に晒すことを認識していて、航続距離性能を改善することを約束した。そこで提示したのが、新たな設計案であるモデル464-67であった。基本的には、モデル464-49の重重量型で、

全幅は変わっていなかったが、全長は152フィート8インチ（46.53m）に延ばされてより大きな燃料搭載スペースを確保し、総重量は390,000ポンド（176,904kg）となり、航続距離は3,020海里（5,600km）とされた。

このモデル464-67は、ルメイ大将をはじめとして、戦略航空コマンドのほとんどから大きな賛同を得た。そしてアメリカ空軍は1950年1月26日に司令部で、B-52の将来を再度検討するための会議を開催した。検討

対象となったのはほかに、ダグラスの新設計機、フェアチャイルド・リパブリックのレール発射型全翼機、コンベアの後退翼爆撃機YB-60とターボプロップの2案、さらにはB-47をベースにした派生設計案2案であった。会議では、B-52も含めて、確たる決定の合意には至らなかった。しかしルメイ大将は、戦略航空コマンドに最良の解決を提供するのはB-52として、B-52を強く支持した。そして1950年2月に航空参謀長

エンジンをロールスロイスF130に換装したB-52Jの想像図（画像：ボーイング）

は、これまで提案されたすべての戦略航空機の性能と原価資料の提出を求めた。一方で同じ月に、ルメイ大将は上級評議会に、ボーイングのモデル464-49の代わりにモデル464-67を受け入れるように要請した。この選択は1950年3月24日に、委員会によって承認されているが、生産への最終的な決定には至らなかった。

B-52の生産が最終的に決定されたのは1951年初めになってからで、このときすでに朝鮮戦争が激化していて、アメリカとソ連の関係もこれまでで最悪になっていた。ルメイ大将は、B-52の装備による戦略的な爆撃力の力強い近代化への賛意を主張した。1951年1月9日に、空軍参謀長のホイト S.バンデンバーグ将軍は、B-52をB-36の後継機として装備するという提案を承認した。1951年2月14日に書名された書状契約AF33（038）-21096と名づけられた文書が、B-52の生産を認可した最初の契約で

あった。そこには、1953年4月に最初の機体を引き渡すという条件と、B-52Aの第1バッチとして13機を製造することが盛り込まれていた。

XB-52とYB-52はともに、前作のB-47の設計を多くの面で受け継いでいた。なかでもコクピットは、操縦乗員が前後に座る縦列配置の座席になっていたのだが、アメリカ空軍戦略航空コマンドの司令官であったカーチス・ルメイ大将が、横並びで乗り組んだほうが効率がよいと指摘したことで、量産型にはその設計変更が盛り込まれることになった。

B-52も量産段階で多くの改良などが採り入れられたことで、B-52AからB-52Hまで8つのタイプが作られており、B-52GとB-52Hでは垂直尾翼が切りつけられて全高が低くなっている。またB-52Gまではエンジンがプラット＆ホイットニーJ57ターボジェットだったが、B-52Hではプラット＆ホイットニーTF33ターボファンに変更された。さらにこれからB-52Hへのエンジン換装プログラムが実施されることになっており、その作業を受ける機体は2050年ごろまで運用されることになる。

B-52の概要を簡単に記すと、最初の量産型のB-52AからB-52Fまでは垂直安定板が高いタイプだった。B-52GとHでは前記したようにその上部を切り詰めて背が低くなっている。加えて搭載電子機器が一新されるなど、能力が大幅に高められた。B-52Hは、エンジンをターボファンに変更したことで、さらに航続距離が延びた。B-52、B-47にははるかにおよばないものの、今日の基準で見ると大規模な生産が行われており、量産型総生産機数は742機（偵察型RB-52B 27機を含む）が作られた。

B-52の本来の任務は核爆弾による

戦略爆撃であったが、ベトナム戦争に代表されるように実際の戦いでは、通常爆弾による爆撃に用いられている。より近年では、1991年の湾岸戦争に、爆撃と心理戦に投入された。アメリカ空軍はB-52の後継機計画を立てたが、核戦略の変更や爆撃機の運用方法の転換、さらには冷戦の終結のため爆撃機の重要性が大きく薄れてしまい計画していた新型機も含め装備機数は大幅に削減され、その結果B-52は今もアメリカ空軍の爆撃機戦力の一翼を担っているものの、装備機数はわずかに58機になっている。しかしそれらのB-52Hには新世代の小型ターボファンであるロールスロイスF130（76.0kN）への換装と、新しいAN/APG-82アクティブ電子走査アレイ・レーダーの装備などによる近代化が行われることが決まっているため、最後の機体が退役するのは2050年代に入ってからになると見られている。

[DATA：B-52H（現用型）]

全幅	56.39m
全長	48.56m
全高	12.40m
主翼面積	37.2m²
空虚重量	83,250kg
最大離陸重量	221,323kg
エンジン	プラット＆ホイットニー TF33-P-1/-103×8
最大推力	75.6kN
燃料容量	181,610L
最大速度	1,050km/h
巡航速度	819km/h
最良上昇率	1,911m/分
実用上昇限度	15,240m
戦闘航続距離	16,327km
フェリー航続距離	16,327km
固定武装	なし
爆弾類搭載量	約32,000kg
乗員	5人

アメリカ初の超音速ジェット爆撃機となったコンベアB-58ハスラー。3人乗りのアフターバーナーつきターボジェット4発機である (写真:コンベア)

コンベア B-58 ハスラー

戦闘機がそうであったように爆撃機も、ジェット化が行われると、次なる目標は超音速爆撃機に置かれた。ボーイングが開発したB-47とB-52は、かならずしもアメリカ空軍を満足させるものではなく、ピストン・エンジンの大型機コンベアB-36ピースメーカーがいまだに戦略爆撃機の主力の座を占めていた。ただジェット機技術の進歩にはまだまだ大きな夢がもてた時代で、超音速爆撃機もすぐに実用化できると思われていた。その超音速爆撃機の研究に取り組んでいたのがコンベアで、これもまた戦時中のドイツで研究されていたデルタ翼が超音速爆撃機には好適であると考えていたのである。コンベアは戦闘機研究機XP-92や迎撃戦闘機F-102デルタダガーの開発で、実際にデルタ翼機を開発していて、この形態の航空機について実績を積んでいた。

デルタ翼航空機には、いくつかの問題点があった。初期のデルタ翼機はフラップを装備できなかったので、離着陸滑走距離が長くなった。そして相対的に主翼面積が大きいため翼面荷重が低く、低空飛行時には気流の乱れの影響を受けやすいことから、乗り心地が悪くなった。一方でいくつものメリットをもたらすこともわかっていた。主翼付け根部を長くとることができるため構造を頑丈にでき、主翼内に大きな燃料搭載スペースを得ることができた。また前縁後退角をきつくできることで、高速の直線飛行を可能にできた。こうしたことから初期のマッハ2級の戦闘機は多くがデルタ翼を使用し、さらに短所と利点より深く理解した今日では、多くの戦闘機（たとえばF-15、F-16、F/A-18、F-22など）がいずれも翼端部を切り詰めた、「切り落としデルタ」と呼ぶ形状の主翼を使

用している。これらはいずれも、翼端は尖っていないものの、基本的な平面形は三角形である。

コンベアは当初、超音速爆撃機を「寄生」機にすることを考えていた。B-36のような大型機の主翼下や胴体下部に装着し、空中で切り離して発進するかたちの航空機だ。しかしアメリカ空軍はこのアイディアにまったく関心を示さず、コンベアも独立した航空機の開発へと進むことにした。

音速機の実現で大きな鍵を握るのはもちろんエンジンで、これについてはジェネラル・エレクトリックがX24Aと名づけたアフターバーナーつきターボジェットの開発を行っていた。このX24Aはその後J79へと進化し、ロッキードF-104スターファイターやマクダネル・ダグラスF-4ファントムⅡのエンジンに使われている。ただ試作機の開発時期には

胴体中心線下にMB-1兵器ポッドを装着したB-58A（写真：コンベア）

X24Aは間に合わないのが確実だったため、試作機にはプラット＆ホイットニーJ57ターボジェットが使用されることとなった。

コンベアの超音速爆撃機はMX-1964の社内設計名称を有し、またボーイングもモデル484という設計案をアメリカ空軍に提示した。そして1952年10月にボーイングにXB-59の、コンベア案にXB-58の試作機名称が付与されていたが、アメリカ空軍はその月のうちにさらなる開発作業に進める機種にXB-58を選定して、兵器システム102（WS-102）として開発作業に入ったのである。

XB-58は、完全なデルタ（三角形）主翼を有し、4基のエンジンを主翼下に装着した。このエンジンは独立したポッドに収められてパイロンを介して取りつけられたが、両外側のものはパイロンが非常に短く、主翼にほぼ密着する形になった。そして機体形状のもっとも重要な特徴が、「エリアルール」の適用である。超音速

飛行時に機体生じる抵抗を減少させる手法で、翼幅の増加に応じてその部分の胴体幅を狭めるというもの。その結果B-58はF-102/-106のような航空機では、胴体の中央部がほかに比べて大きくすぼみ、以前にあったコカ・コーラの瓶のような形状になっている。またXB-58の最終設計では、60度の前縁後退角がつけられるとともに後縁にも10度の後退角があって、さらに後縁は翼端に向けて下げが設けられた。尾翼は垂直尾翼だけであった。

コンベアによるXB-58の開発作業は比較的順調に進んでいたが、使用者側は超音速爆撃機の必要性に疑問を抱いていた。アメリカ空軍の戦略航空コマンドは特にB-58の航続距離がB-52の半分程度でしかないこと、さらにほかの爆撃機でも同様だが、大陸間弾弾道ミサイルとの費用対効果などから、かならずしもB-58を必要とは考えていなかった。こうしたことからコンベアはXB-58の初飛行

を予定の1966年1月から6月に遅らせることが伝えられたが、このような日程の遅れはXB-58にかかる経費をさらに上昇させることになった。それでもXB-58は1956年11月11日に初飛行した。アメリカ空軍はXB-58に続いて実用開発型YB-58 11機を発注し、YB-58は1957年末までにマッハ2.1での飛行を達成した。この時点までこの新爆撃機は極秘扱いにされていて、このときに初めて存在が公表されて、B-58の開発が行われていることが明らかになったのであった。B-58には1959年2月に「ハスラー（働き者）」の制式愛称がつけられた。これは、コンベアの技術者陣が考案したものであった。

YB-58には当初から計画されていたJ79エンジンが搭載された。このエンジンは、ドライ時の最大推力が39.6kN、アフターバーナー時の最大推力が64.5kであった。そして1959年10月15日には、マッハ2で1時間以上の飛行を行い、超音速巡航能力

大型の2コンポーネント・ポッドを装着して離陸するB-58A（写真：コンベア）

を備えていることを証明した。

　超音速爆撃機であるB-58は、当然胴体をかなり細身に設計しなければならず、その結果乗員も必要最小限となって、パイロット、航法/爆撃手、防御システム操作員（DSO：Defense SystemOperator）の3人が乗り組むこととなって、機首部直後に縦列に並んで座った。各搭乗員には射出座席が用意されて、緊急時には脱出が可能にされた。ただ、マッハ2の超高速状態で脱出する可能性もあって、その際に脱出者を直面するきわめて激しい風圧から護る方策を取り入れる必要があった。すでに超音速戦闘機用の脱出システムは開発されまた実用化されていたが、戦闘機が超音速飛行を行う時間は数分にかぎられていて、また脱出の多く

は空中戦時に行われるので、飛行速度は速くても500km/h程度がほとんどであった。しかしB-58は超音速巡航も行えるから、マッハ2.2という人類が経験したことのない速度の中に放りだされる。このときに直面する風圧は生身の体を激しく傷つけることは容易に想像でき、脱出者をそれから防護できなければ脱出の意味はない。そこで考案されたのがカプセル方式で、B-58では個々の乗員を座席ごとカプセルで包んで個別に脱出できるようにしたのである。このカプセル方式は、続く超音速爆撃機試験機のXB-70バルキリーに受け継がれている。

　B-58の飛行操縦装置は通常の油圧機力システムだが3軸すべてに操舵力のダンピング・システムがつけら

れていて、全飛行速度域で一定の操舵力で可能にするようにされていた。また離着陸、自動、手動のみ3つのモードをもつトリム機構もつけられていた。操縦翼面はエレボンと方向舵で、これらには内部連結機構が設けられていて、通常はエレボンの差動によってヨーイングの発生を防ぐことができた。またピッチ、ロール、ヨーには人工操舵ダンピングがあって飛行特性の変化を最小化できるようにされていた。また、今日と比べれば初歩的なものであったが、自動操縦装置も備えていた。

　防御機器としては、AN/ALR-12レーダー警戒装置、AN/ALQ-16レーダー追跡排除装置、AN/ALE-16チャフ/フレア散布装置などを搭載し、またそれまでの爆撃機と同様

に自衛用の機関砲を装備していた。これはジェネラル・エレクトリックT-171E-3 20mm 6砲身回転式機関砲で、胴体最後部にあって搭載弾数は1,200発。毎分4,000発の発射率で射撃でき、遠隔操作により作動した。また射撃目標の捕捉と指示用に尾部コーンの上にMD-7後方象限用レーダーを装備していた。

　攻撃用の電子機器は機首のKuバンド捜索レーダーと事前に設定した天体を自動的に追い続けるKS-39宇宙追跡装置で、加えてAN/AASQ-42航法爆撃装置を装備し、またレーダーでは後方胴体内にAN/APN-113ドップラー・レーダーも装備した。このドップラー・レーダーは、正確な速度の把握を可能にするのに加えて、対気速度や風の計測も行うものである。

　超音速機であるB-58は、B-36やB-52に比べると機内容積はかなり小さく、当時はまだ大型であった大威力の核爆誕の機内搭載は不可能であった。そこで、攻撃用にMB-1Cと呼ぶポッドが開発された。MB-1Cは前方区画弾頭が収納スペース、後方区画が燃料タンクになっていて、前方区画に大威力の核弾頭39Y1-1を収めて、燃料を満タンにするとその重量は36,087ポンド（16,369kg）になった。MB-1Cポッドは3つの取りつけポイントで胴体につけられて、そこで切り離すことで投下できた。中に収められている核弾頭には気圧高度計とそれに連動する信管がついていて、設定しておいた高度まで落下すると爆発し、水爆となった。またMB-1Cは、前方コンパートメントの収納物をKA-56カメラに変更することで偵察ポッドとすることも可能とされ、このタイプはLA-1と呼ばれた。

　MB-1Cは、兵器倉への燃料漏れと

いう問題を発生し、数年間にわたってその解決の努力が払われた。しかし完全に問題を排除する方策として、新しいポッドが開発されることとなった。2コンポーネント・ポッド（TCP：Two Component Pod）と名づけられたこのポッドは、MB-1Cと同じ形状をしていて、同一のハードポイントを活用できるように設計された。ただ実質的には2つのポッドを1つにまとめたもので、上部コンパートメントと下部コンパートメントに分けられる。BLU/2B-1上部コンパートメントは最大径が3.5フィート（10.67m）で、兵器収納部を挟んで2区画の燃料タンクを備え、BLU-2/B-2下部コンパートメントは燃料のみを収容するため、2区画のタンク・スペースに収容された。上部コンパートメントにMk53核爆弾1発を収容し、燃料を満載するとTCPの総重量は11,970ポンド（5,430kg）になった。TCPは飛行中に上下を分割することが可能で、まず下部コンポーネント内の燃料を使用して、空になったら下側コンポーネントを切り離して投棄して、爆弾の投下まで

上部コンパートを携行し続けるというのが標準的な運用であった。MB-1CとTCPはB-58の貴重な核兵器運搬手段であり、B-58の退役まで装備と運用が続けられた。

　B-58は試作機XB-58（2機製造）、前量産型YB-58A（11機製造）に続いて実用量産型B-58Aが86機作られて、戦略航空コマンド部隊に配備された。また、エンジンをJ79-GE-9とするB-58Aの大型・高速タイプのB-58Bも計画されて試作機1機の製造契約が交わされたが、作られなかった。また胴体下に偵察ポッドのみを携行するようにしたRB-58Aが17機製造されている。また訓練型のTB-58Aが8機、YB-58Aから改造されて運用された。

　試験部隊を除くとB-58は1960年に就役を開始して、1970年に退役した。就役期間は約10年と決して長くはなく、これは超音速巡航飛行能力以外は戦略爆撃機としての価値があまり評価されなかったためである。ただ次の高高度超高速爆撃機計画に多くの貴重なデータをもたらしたのは確かであった。

[DATA：B-58A]

全幅　17.32m	離陸滑走距離　2,393m（重量 72,576kg時）
全長　29.50m	着陸滑走距離　797m（重量2,862kg時）
全高　9.19m	最大初期上昇率　11,781m/分
主翼面積　126.8m²	高度9,144mへの上昇時間　11.2分
機体重量（ポッド除く）　25,243Kg	通常巡航高度　11,720m
最大総重量　80,237kg	設定目標上空飛行高度　17,038m
着陸重量　28,622kg	戦闘上昇限度　19,324m
エンジン　ジェネラル・エレクトリック J79-GE-5A/-5B×4	最大フェリー航続距離　7,593km
ドライ時の最大推力　45.8kN	固定武装　ジェネラル・エレクトリック T-171E-3 20mm機関砲×1（弾数1,200発）
アフターバーナー時最大推力　69.4kN	乗員　3人
最大速度　マッハ2.2（高度12,192m）/マッハ0.91（海面高度）	
巡航速度　965km/h	

ノースアメリカン XB-70 バルキリー

XB-70の基本構想

XB-70の基本構想は、ボーイング・エアクラフト社とランド社が、堅固に防御されたソ連国内の目標に、高威力の熱核兵器（水爆）を投下できる兵器の検討を開始した1954年1月に遡る。そのためには長距離飛行が可能でまた敵の防空網内を侵入していくには高速飛行と高高度飛行といった高性能飛行能力が必要であり、さらに搭載した核兵器を投下したあとにその影響から逃れられる超音速のダッシュ飛行能力も備えていなければならないとされた。

世界初の核爆弾投下は1945年に行われたが、1954年当時ではこうした要求に対する解決策は、その兵器の能力を推進力に使用する、原子力爆撃機しかないと考えられていた。原

子力推進であれば、理論的には、ほぼ無限の飛行能力を付与でき、一方で、それを航空機に搭載できる規模まで小型化が可能であるとみられた。このためボーイングは、化学的に強化する原子力エンジンを要塞する航空機を提示した。またこのころロッキードとコンベアも、同様のシステムの提示も行っていた。

1954年秋にアメリカ空軍は、2つのアプローチを検討することにした。1つは原子力動力で短時間の超音速飛行が可能なものであり、もう1つは化学燃料を用いる通常動力の亜音速爆撃機であった。1954年10月にアメリカ空軍は、一般運用要求（GOR：General Operational Requirement）38を発出した。これはきわめて単純なもので、1965年に配備を開始できる、ボーイングB-52の後継

となりうる通常エンジンの有人爆撃機を求めるものであった。一方で1955年3月には、原子力推進で11,000海里（20,372km）の戦闘行動半径をもち、高度60,000フィート（18,288m）でマッハ2以上の最大速度をだせる原子力動力機を求めた、GOR81も発出した。GOR81ではまた、最大で20,000ポンド（9,072kg）の核兵器を搭載できることも定められていた。

1955年3月になると、GOR38はGOR82に書き換えられた。GOR82は、有人の戦略爆撃機で、25,000ポンド（11,340kg）の高威力核爆弾の搭載が求められた。空軍の航空研究および開発コマンド（ARDC：Air Research and Development Command）はこれについて、「22番」の要求番号をつけて、これにより開発される爆撃機兵器システム「110A（WS-110A）」と

NASAのドライデン研究センター（現アームストロング研究センター）の格納庫の前に並べられたノースアメリカンX-15（手前）とXB-70Aの1号機（写真：NASA）

名づけた。求めた性能は、巡航速度はマッハ0.9で最大速度はそれよりもできるだけ高速であり、目標から1,000マイル（1,609km）の距離で出入りできることであった。翌月に行われた見直しでは巡航速度の要求が外されて速度については「最大速度は亜音速」とだけ記された。そして就役開始時期は1964年5月に設定された。1955年初めには新たにGOR96が発出されて、WS-110Aと同じ性能をもつ大陸間距離偵察システムが要求され、機体計画名はWS-110Lとされた。WS-110Aと110Lはすぐに一本化されて、戦略爆撃／偵察機を目標とするWS-110A/Lとなっている。

ノースアメリカンとボーイングの設計機の違い

　ノースアメリカンによる当初のWS-110向け設計機は7239と呼ばれて、可動式主翼端を備えるもので

あった。ボーイングの設計案はモデル724と725の2案で、こちらも両案ともに可動式翼端を使うものであった。1955年6月にアメリカ空軍参謀本部は航空機メーカー各社にWS-110A/Lの詳細説明を行って、提案要求を募った。しかし説明を受けた企業は6社あったが、実際に期限までに機体案を提示したのはボーイングとノースアメリカンだけであった。このためアメリカ空軍は1955年11月8日にこの両社に対して、開発の第1段階の作業契約としてボーイングとはAF33（600）-31802契約を、ノースアメリカンとはAF33（600）-31801契約を交わした。

　またアメリカ空軍は、きわめて早い段階で原子力動力機のオプションを外すことを決めた。開発コストが非常に高額になると予測されたことと、通常動力機のほうが信頼性が高いというのがおもな理由であった。WS-110A/Lに対しては、全天候運用シス

テムを備え、給油行動半径は4,000マイル6,436km）、最小上昇限度60,000フィート（18,200m）、巡航速度は少なくともマッハ0.9、戦闘ゾーンでの超音速ダッシュ飛行能力をもつなどといった、新たな要求が定められた。またエンジンについては、新しい高エネルギー燃料を使用できる新規開発エンジンが望ましいともされた。

　ボーイングが考案した機体設計は通常の後退翼を使うものだったが、ノースアメリカンの案は同社のSM-16ナバホ巡航ミサイルと同様に、デルタ主翼と前翼（カナード翼）を組み合わせたものであった。両社の案はともに、可動式主翼端を備えてその中にも燃料搭載を可能にし、そこのタンクが空になったらその部分を切り離すことにしており、それにより航続距離の要求を満たすことができていた。総重量はともに約7000,000ポンド（317,520kg）で、空軍は両案に基本的には満足していた。

主翼端を上げ位置にして飛行するXB-70の2号機。左右のエレボンがそれぞれわずかに動いている（写真：ノースアメリカン）

ただ重量は重すぎると捉えていて、また可動式で切り離し可能の主翼端は、実証に広範な試験が必要でやっかいなものになるのは間違いないと考えていた。

1946年9月にアメリカ空軍は両社に、設計案の手直しを指示した。しかし1カ月後には予算不足が露呈して、第1段階の作業が停止されることになった。ただ両社ともに国の予算で研究を継続することは認められた。もっともこれも、研究／開発に資するものだけとの制約つきであった。

1957年3月には、空軍は将来の爆撃機に関する要求を大幅に見直した。最大速度はマッハ3とし、ミッション全体の飛行速度は亜音速で、部分的に超音速巡航あるいは超音速ダッシュを行う当時の最高技術の粋を集めた航空機とすることにされた。こうした要求を満たすには、アフターバーナーの使用時間を延長できる、ボロンを基礎とした高エネルギーの新燃料の使用が不可欠と考え

られた。

1967年8月30日にアメリカ空軍は、ボーイングとノースアメリカンの双方から十分なデータが得られたとして両社の設計によるコンペを開始した。そして9月18日に空軍は新たな要求として、巡航速度マッハ3.0〜3.2、目標上空での飛行高度70,000〜75,000フィート（21,336〜22,860m）、最大航続距離10,500マイル（16,170km）、総重量は490,000ポンド（22,226kg）を超えないことという指針をだした。これが第1段階作業の基準となって、1957年12月23日にアメリカ空軍は、ノースアメリカンをコンペの勝者に指名し、1958年1月24日にAF33（700）-36599契約を与えたのである。開発契約には、1965年末には30機による最初の爆撃航空団の編成を可能にすることが含まれ、また1958年2月には実用爆撃機の制式名称として「B-70」が割り当てられた。

このときアメリカ空軍は、偵察任務には別の設計機のほうが適すると

考えていたが、WS-110Lは完全に計画が終結していたため、B-70の設計を使うしかなかった。とはいってもアメリカ空軍は、B-70を熱狂的に支持していて、1958年春には戦略航空コマンド内で愛称の公募を行い、「バルキリー（戦いの女神）」に決まった。このときに計画されていたそのあとの予定はきわめて野心的で、1961年12月に初飛行、1964年に最初の実働航空団を編成というものであった。しかし1958年秋には予算不足を理由にスケジュールの見直しが始められた。加えて、当時のアイゼンハワー政権は、このプログラムに大量の資金を投じる前に、このプログラムが優れたものであることを証明することを求めていた。さらにはアトラスやタイタンといった長距離弾道ミサイルの試験がちょうど開始された時期であり、こうした亜音速ミサイルのほうが、まだ技術が実証されていない新有人爆撃機よりも費用対効果に優れるという論もでてきていた。

モックアップ審査から
試作機製造まで

1959年3月30日に、ノースアメリカンのイングルウッド工場でB-70のモックアップ審査が行われた。その結果空軍は多くの変更を要求したが、その作業については年内に終えることは可能とされた。一方このころアメリカ空軍省は、新しい高エネルギーのボロン燃料プログラムはリスクが大きすぎ加えて額の費用が必要になるとして、計画を中止した。またマッハ3級の新迎撃機として計画されたノースアメリカンF-108レイピアが1959年9月24日に同じく計画中止となったことも、B-70には逆風になった。F-108はB-70の護衛戦闘機としての使用も考えられていて、同様の機体構成をもち、エンジンも同じYJ93の使用が計画されていた。こうしたことから2種類を並行して開発できれば予算の節約が可能になると考えられたのだが、F-108が中止になったことでB-70は独立した単独のプログラムとして作業を進めることになったのである。

政権最後の年を迎えたアイゼンハワー大統領は、B-70に変わる案として就役を開始したばかりの大陸間弾道ミサイル（ICBM：Inter Continental Ballistic Missile）に強い関心を示し、B-70に代わるものは爆撃機ではなくICBMであるという考えを強く抱くようになっていた。またB-70が就役するには少なくともあと8〜10年は要し、そのころの戦略抑止力は爆撃機から弾道ミサイルに移っているとも考えていた。加えて当時のアメリカの経済状況は、政権に経費の削減を強く求める状態であった。

これらの事柄が絡み合ってアメリカ空軍は1959年12月29日に、B-70計画の大幅な規模縮小を決めた。まず、大量の実用配備航空機は導入せず、研究用の試作機を1機だけ製造し、装備を予定した兵器サブシステムの開発は取りやめることにした。ただ1960年に行われた、アイゼンハワーとジョンF.ケネディにより争われた大統領選挙で、アメリカの防衛能力がソ連に比べて大きく劣っているかが議論の1つとなり、アイゼンハワー政権は国が危険な状態にあるとし、アメリカ空軍はこれを受けてB-70計画の規模縮小を見直すことにした。こうしてB-70の実用配備計画の推進を具体化することとして、まず配備用に12機の製造を進めることを計画した。兵器サブシステムのサプライヤー契約も復帰し、戦略偵察機RS-70も提案されることになった。RS-70は、ミサイルにはない偵察の力を提供する装備品として、1969年から60機を装備することが計画された。

大統領選挙が終わって政権の座についたケネディはすぐに、選挙戦で争点の1つになっていたソ連との「ミサイル・ギャップ」が存在していなかったことを把握した。「ミサイル・ギャップ」論とは、戦略核弾道ミサイルの数がソ連よりも大幅に少ないためその数を増やす必要があるという主張だったが、ソ連が優位に立っていることはないというのが判明したのであった。

このためケネディ新大統領はまたB-70についても方針を変えて新たな指示をだし、1961年3月28日にB-70プログラムを、ふたたび厳密に研究・開発作業にのみに留め置くよう指示して、実用配備を行わない意向を示した。このときからB-70は、議会の保守派と政権の間を行ったりきたりするボールとなり、どこかの定位置にとどまることはなくなった。

そしてケネディ政権で国防長官の座についたロバートS.マクナマラ氏は彼の立場をはっきりと示すこととして、1961年4月10日にXB-70A試作機を3機だけ製造する契約をノースアメリカンに与えることとした。この機体の社内設計呼称はNA-278で、兵器の搭載能力はもたせず、攻撃関連の電子機器類も搭載せず、乗員は機首部に2人だけとされた。

NA-278は、大面積のデルタ主翼とやはり大型のカナード翼を組み合わせた設計で、エンジンには最大で133.5kNの推力をだすジェネラル・エレクトリックYJ93アフターバーナーつきターボジェットを使用するものとなっていた。総重量は約22,680kgで、6基のエンジンは後方胴体下面につけられた大きな胴体ボックス内に横並びで一列で置かれた。このボックスの先端には、可動式ランプによる可変式空気取り入れ口があって、飛行マッハ数がどのように変化しても最適の空気流を送り込めるようにされた。主翼は後退角か65.57度、面積が585.0m²であった。そして、超音速飛行時に発生する衝撃波を揚力に変換するとともに空力的抵抗を減らす「圧縮揚力」と呼ばれる技術を使うことで、要求されたマッハ3での超音速巡航飛行を可能にすることとした。「圧縮揚力」を達成するために、主翼端を下方折り曲げ式にし、衝撃波を捉え込んで主翼下面で高圧の空気を発生させて直接主翼をもち上げる力に使用している。翼端部の最大下げ角は65度で、その部分を除いた主翼後縁にはエレボンが並べられた。一番外側のエレボンは、主翼端が下がると作動しない。尾翼は、大きな方向舵つきの2枚の垂直尾翼になっていた。

空気取り入れ口の前方からは、

XB-70AへのYJ93エンジンの搭載作業。機体側の完全に仕切られているコンポーネントにエンジンがすっぽりと収まる設計になっていることがわかる
（写真：ノースアメリカン）

25.6mの細長い機首部が延びている。操縦室前の風防には、高速飛行時の空気流を乱さず最良の状態を保ち続けられるようにする、取りつけ角変更機構がつけられた。離着陸時には下がって操縦席からの下方視界を改善し、高速飛行時には上がって空力特性を向上させる。操縦席は地上から約6.10m、前脚柱から約33.5m前方に位置し、その後方左右にカナード翼がつけられた。

XB-70は作戦用航空機とするものではなくなったため、前記したように兵器類の運用能力をもたせないことはもちろん、電子機器類も必要最小限の搭載に抑えられた。とはいっても安全な飛行を遂行できるようにするのは当然であり、また研究目的のデータを収集・記録するための装置類が、兵器倉や任務用空域の搭載スペースに積み込まれた。そして1964

年3月3日にアメリカ空軍は予算を検討した結果、3機目の試作機製造契約を与えることを決めた。

XB-70はなぜ幻の戦略爆撃機となったのか

XB-70Aの1号機（アメリカ空軍シリアル・ナンバー62-0001）が1964年5月11日にカリフォルニア州パームデールにある空軍製造施設42（プラント42）でロールアウトし、9月21日に初飛行した。プラント42はエドワーズ空軍基地に隣接して設けられている施設で、滑走路と一部の飛行場施設はエドワーズ空軍基地と共用しているので、エドワーズ空軍基地で初飛行したとしても誤りではない。この飛行では、降着装置に細かな問題が発生したが着陸などに支障を来すようなものではなく、約1時間の飛

行ののちに、離陸したときと同じ滑走路に着陸した。

XB-70Aは3回目の飛行試験で早くも超音速飛行を達成し、3月8日にはマッハ1.8を維持したまま1時間以上を飛行するという超音速巡航能力も実証した。さらに8回目の飛行試験では、マッハ2以上で50分間の飛行を持続している。また2号機の初飛行後になるが、1965年10月14日には高度70,000フィート（21,336m）に到達して、飛行速度マッハ3を達成して目標速度に到達した。

2号機（アメリカ空軍シリアル・ナンバー62-0207）は、1965年7月17日に初飛行した。基本的には1号機と同じだが、主翼に5度の上反角がつけられていた。また油圧システムに改良が加えられ、燃料タンクも改善された。空気取り入れ口の可変ランプの制御は、1号機は手動操作で

XB-70Aの1号機を新しい空軍博物館で展示することが決まると、飛行での移動ができなくなっていたため、一般の道路を使って陸路によりカリフォルニア州パームデールからオハイオ州デイトンまで運ばれた（写真：アメリカ空軍）

あったが2号機には自動機能が設けられた。

2号機による飛行試験では1966年5月19日に、ユタ州とカリフォルニア州間の飛行で33分間にわたってマッハ3を維持した。これによりユタ州～カリフォルニア州間の飛行に要した時間は、わずかに18分であった。

1986年6月8日に2号機は、低速での飛行速度較正の作業を行い、続いて広報写真と映像の撮影に入ったのだがその際に、編隊を組んでいたF-104Nと空中衝突して墜落した。XB-70Aの乗員は2人とも脱出を試み、機長のカプセルは着地し重傷を負ったが救出された。副操縦士は、機体が激しいスピンに陥ったため地上に激突する前には脱出できずに死亡した（P.162参照）。

悲劇的な事故が発生したものの、XB-70Aによる試験プログラムは1号機を使って続けられることになった。ただそれは、アメリカが国策としてプロジェクトを進めていた民間の超音速旅客機（SST：Supersonic Transport）にかかわる技術研究を主体とするものになり、機体や作業主体はアメリカ航空宇宙局（NASA：National Aeronautics and Space Administration）に移された。飛行試験の内容もSSTに関連したものも含むよう拡張されて作業が続けられたが、この間にSSTの実用化についていくつもの問題が発生した。燃料消費がきわめて大きいため従来の範囲では航空旅行運賃を提供できないこと、超音速飛行時に発生する衝撃波が地上に届いて大きな騒音を引き起こすことが主要な2つで、この結果アメリカ政府は、ボーイングに対して2707の開発を指示していたが、それを取りやめてSSTの製造をあきらめた。ヨーロッパではイギリスのBACとアエロスパシアルが共同でコンコルドを開発したが発注のキャンセルが相次ぎ、1976年に実用就航にこぎつけたものの、製造は試作機も含めて20機にとどまり成功を収められなかった。ソ連でもツポレフがTu-144"チャージャー"を開発し、限定的な運用を行ったが製造機数は16機であった。

アメリカはこれらの国よりも早くSSTに見切りをつけた結果、XB-70Aの最後の飛行は1969年2月4日に行われ、オハイオ州デイトンのアメリカ空軍博物館に所蔵されることとなった。また3号機（アメリカ空軍シリアル・ナンバー62-0208）は、戦略偵察打撃機RS-70の試作機とすることも計画されたが、製造契約はキャンセルとなった。

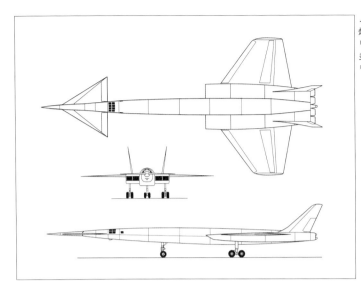

ノースアメリカンによる高エネルギー
爆撃機のコンセプト図面。ノースアメ
リカンはこの構想にもとづく概念図を
多数作成していたが、最終的にバルキ
リーの設計に至った

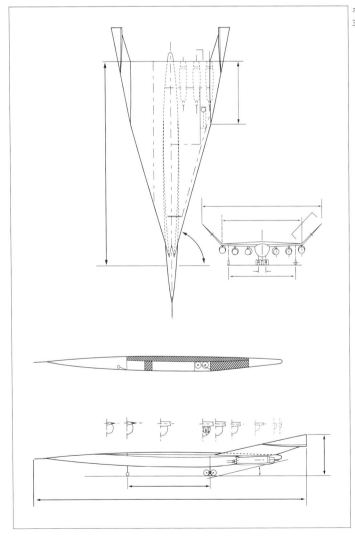

ボーイングによるモデル725-90の図面。
主翼は折り曲げ式になっている

（写真：アメリカ空軍）

Aftermath

XB-70以降の
戦略爆撃機

写真3点とも：アメリカ空軍

1974年12月23日に、XB-70と同じくパームデールのアメリカ空軍第42施設でロールアウトしたB-1の初号機。新たな構想にもとづく新戦略爆撃機として期待は大きかった（写真：アメリカ空軍）

Aftermath
XB-70以降の戦略爆撃機

XB-70のキャンセルのあと、アメリカ空軍の戦略爆撃機に
対するコンセプトは二転三転した。それが最近のB-2、
そしてB-21でようやく落ち着きを見せたようである。

ロックウェル B-1A

▌B-1計画への道のり

　XB-70バルキリーの構想があまりにも野心的だったことからアメリカ空軍は、1961年にはその代替案の検討に着手した。最初の案は試作機XB-70の能力変更型で、敵、すなわち当時推測されたソ連の防空システムの能力に対してXB-70の構想が立てられたときには、高度70,000フィー

ト（21,336m）をマッハ3で飛行すれば、地対空ミサイルは届かないし、追いつける迎撃戦闘機もないと考えられていた。しかしソ連の防空ミサイル・システムは急速に進化し、高高度超音速飛行による敵地への侵攻の脆弱性が指摘されるようになった。ただレーダーと地対空ミサイルによる防空システムは、低高度飛行目標への対処力に問題をもつことも

知られており、この弱点を突く研究もアメリカでは1961年に着手されていた。その最初の研究は、亜音速低高度爆撃機（SLAB：Subsonic Low Altitude Bomber）と呼ばれ、重量50,000ポンド（23,180kg）で11,000海里（20,372km）の航続力を有して、うち4,300海里（7,964km）は低高度飛行を行うというものであった。これに続いてすぐに延伸航続距離打撃航空

主翼を最前進位置にしてエド
ワーズ空軍基地に最終進入する
B-1A（写真：アメリカ空軍）

飛行試験後期段階のB-1A。垂直
尾翼に赤と青の帯が入り「B-1」
の文字が大きく入れられた
（写真：アメリカ空軍）

機（ERSA：Extended Range Strike
Aircraft）計画が立てられ、こちら
は重量60,000ポンド（27,216kg）の
可変後退翼機という案であった。
ERSAは10,000ポンド（4,536kg）の
爆弾搭載力を有し、航続距離は8,750
海里（16,201km）、うち2,500マイル
（4,800km）は高度500フィート（152m）
以下を飛行することが計画された。
　1963年8月になると計画名は低高
度有人侵攻機（LAMP：Low-Altitude
Manned Penetrator）に変更され、兵

器搭載量は20,000ポンド（9,072kg）、
航続距離は6,200海里（11,482km）
で、うち2,000マイル（3,200km）を低
空飛行というものになった。しかし、
この案がこれより先に進むことはな
かった。
　1963年10月にアメリカ空軍は、こ
れまでとは異なる新しい爆撃機の案
をまとめて、翌11月にボーイング、
ジェネラル・ダイナミックス、ノース
アメリカンの3社に提案要求を行っ
た。これが発達型有人精密打撃シス

テム（AMPSS：Advanced Manned
Precision Strike System）だが、当
時のマクナマラ国防長官は資金難
を理由にこの計画に消極的な姿勢
をとり、具体的な要求性能などは
示さなかった。このためアメリカ
空軍は1964年に計画を見直して、
発達型有人戦略航空機（AMSA：
Advanced Manned Strategic
Aircraft）の作業に着手することにし
たのである。AMSAでは、AMPSS
までで検討されてきた低高度性能と

上から見た飛行中のB-1A。胴体と主翼取りつけ部は、なめらかな曲線で結ばれて、ブレンデッド・ウイング・ボディを構成していた（写真：アメリカ空軍）

離着陸性能を重視するものであったが、高高度における超音速飛行能力を有することも求められるようになっていた。機体に求めるものとしては機体重量が375,000ポンド（170,100kg）、航続距離は6,300海里（11,668km）で、そのうち2,000マイル（3,200km）は低高度飛行と定められた。ただマクナマラ長官はこのAMSAについても、おそらくはかなり経費がかかるだろうとみて、計画の推進に積極的になることはなかった。

しかし1969年1月にリチャード・ニクソン氏が新大統領に就任すると、新政権のメルビン・ライアード国防長官が戦略装備の見直しにとりかかって、まず1963年3月にF-111をベースにした可変翼戦闘爆撃機の装備機数を253機から76機へと大幅に削減した。航続距離と兵器搭載量の不足が主要な理由であったが、この結果、本格的な戦略爆撃機を開発するAMSA計画が加速されるこ

とになったのである。1969年4月にAMSAでの採用機には「B-1A」の制式名称が与えられることも決まって、11月には新しい提案要求書が発出された。国防予算の削減で契約者の選定は少し遅れたが、それでも12月8日には機体の開発担当にノースアメリカン・ロックウェルが、エンジンの開発担当にジェネラル・エレクトリックが指名を受けた。そして2機の地上試験機と5機の飛行試験機、それに40基のエンジンが開発作業用に発注されることとされたが、すぐに予算の削減から地上試験機は2機に、飛行試験機は3機に減らされることになった。このあたりからB-1計画の難航が始まったのであった。

B-1Aの特徴

B-1Aはスリムな胴体に、外翼部パネルの後退角が15度から67.5度の間で変化する可変後退翼を組み合

わせ、また外翼パネルと胴体の間はなめらかなラインで結ぶブレンデッド・ウイング・ボディ設計がとられていた。ジェネラル・エレクトリックが開発するエンジンはF101-GE-100アフターバーナーつきターボファンで、2基を一組にまとめて左右主翼下に装着するようにされた。乗員は4人で、機長と副操縦士、そして防御システム操作員（DSO：Defense System Operator）と攻撃システム操作員（OSO：Offensive System Operator）で構成された。ユニークだったのは乗員の脱出方式で、4人が座るコンパートメント全体が1つのモジュールとして機体から切り離されて3つのパラシュートにより降下・着地するというものであった。こうしたモジュール方式の脱出システムはF-111/FB-111に続く使用であった。これらによりB-1Aは、高高度でマッハ2、低高度でもマッハ1.2という速度性能の要求を満

B-1Aの4号機。迷彩塗装で塗られて、胴体背部には長いスパインが設けられた（写真：青木謙知）

たすとされていた。また主要な電子機器としては、LN-15慣性航法装置、AN/APQ-114前方監視レーダー、AN/APQ-146地形追随レーダーなどを搭載することになった。

B-1Aのモックアップ審査は1971年10月末に行われて、大きな問題もなく通過した。そして1974年10月26日に初号機（アメリカ空軍シリアル・ナンバー74-0158）がカリフォルニア州パームデールのアメリカ空軍プラント42でロールアウトし、12月23日に初飛行（短いホップだったが）を行った。そして1976年3月26日には3号機（74-0160）が、同6月14日には2号機（74-0159）がそれぞれ初飛行している。2号機の初飛行が3号機よりもあとになったのは、完成後に各種の地上試験に使われたことによるものであった。

B-1Aの終焉

B-1Aの飛行試験作業は順調に進んだが、多くの改修も必要となった。B-1Aはこの時点までに製造された航空機のなかでもっとも複雑な電子機器類を備えた航空機であり、さらに

試験中にそれらへの追加も行われた。その結果、飛行試験の日程は予定をさらに超過していった。アメリカ空軍は240機のB-1Aを調達する計画だったが、作業の遅延は当然コスト上昇を招き、1970年に4,000万ドル（144億4,000万円）と見積もられていた機体価格は、1972年には4,560万ドル（164億1,600万円）になり、さらに1975年には7,000万ドル（212億2,800万円）にまで上昇してしまったのである（注：当時の換算レートは、1970年代は1ドルが360円、1975年は304円）。

1977年1月に新政権を得たジミー・カーター大統領はアメリカの戦略兵器を大陸間弾道ミサイル（ICBM：Inter-Continental Ballistic Missile）、潜水艦発射弾道ミサイル（SLBM：Submarine-Launched Ballistic Missile）、そして核弾頭つき空中発射巡航ミサイル（ALCM：Air-Launched Cruise Missile）および核爆弾搭載のB-52で構成することを決定して、1977年6月30日にB-1Aの開発作業を終了することを発表した。ただカーター大統領は、攻撃用の搭載電子機器やF101の派生型エンジン研究な

どのため、4機のB-1A試作機は残して飛行試験に用いることにしたのである。

なおB-1Aの4号機（74-0159）はそれまでの3機とは異なり胴体背部に細長いドーサル・スパインをもち、機体は全面白ではなく3色迷彩で塗装された。またこの4号機は、B-1Bの開発に際しても実用試作機のようなかたちで使用されることになった。

【DATA：B-1A】
エンジン　ジェネラル・エレクトリックF101-GE-100×4
最大推力　75.6kN（ドライ時）/169.1kN（アフターバーナー時）
最大　112,632L燃料容量
最大速度　マッハ2.2
実用上昇限度　18,8988m
全幅　41.67m（主翼最小後退位置）/23.84m（主翼最後退位置）
全長　43.68m
全高　10.36m
主翼面積　181.2m²（主翼最後退位置
通常全備重量　176,450kg
最大離陸重量　179,172kg
固定武装　なし
乗員　4人

いったん中止となったB-1プログラムは、大統領の交代があって方針が変わり、多くの改修を施したB-1Bにより復活した（写真：青木謙知）

ロックウェル B-1Bランサー

B-1 復活への道のり

　カーター政権は、B-1Aプロジェクトをキャンセルしたものの、飛行試験は継続した。作業の多くは防御電子機器システムの向上に充てられ、またジェネラル・エレクトリックもF101エンジンの改良作業を続けていた。また機体設計では、レーダー反射断面積低減のための技術研究が成されていた。アメリカ空軍はいまだにB-1をB-52の後継とすることに関心を示していて、レーダー反射断面積を小さくして敵の防空レーダーによる探知を困難にすることが、プロジェクトの復活に貢献すると考えていたのである。

　B-1の復活に向けたもう1つのアプローチは、搭載兵器に空中発射巡航ミサイル（ALCM：Air-Launched Cruise Missile）を加えようというもので、ALCMであれば目標から十分

に離れた場所から安全に発射でき、洗練されてきているソ連の防空網をかいくぐることができると考えられた。そしてこれを搭載できれば、有力な戦略核戦力に加えられるという考えであった。

　ALCMは、地表スレスレの高度を回避しながらマッハ0.85から0.92で飛翔していく。このためミサイル自体は、それまでのAGM-69短距離攻撃ミサイル（SRAM：Short Range Attack Missile）よりも大きくまた重くなり、機体の最大離陸重量は増加するので、搭載燃料の追加もあわせて477,000ポンド（216,367kg）になると想定していた。

　1979年から1981年にかけては、多くの機関が共同で、ソ連の防空網をかいくぐることのできる爆撃機の研究として、爆撃機侵攻評価（BPE：Bomber Penetration Evaluation）という作業を行った。そして1980年に

行われた大統領選の末、1981年1月にロナルド・レーガン氏がカーター大統領の再選を阻止して新大統領の座についた。

　レーガン新大統領による最初の大仕事の1つが、戦略爆撃機プログラムの見直しであった。「強いアメリカ」を掲げて選挙を闘ったレーガン大統領は、ソ連を「悪魔の帝国」と呼び、それに対抗するための軍備の増強計画として戦略近代化プログラム（SMP：Strategic Modernization Program）にすぐにとりかかった。そして唐突ともいえるすばやさで、新爆撃機計画を復活させた。こうしてアメリカ空軍は1981年6月1日に、ロックウェルを新多任務戦略爆撃機となる長距離戦闘航空機（LRCA：Long Range Combat Aircraft）の作業担当企業に選定したのであった。

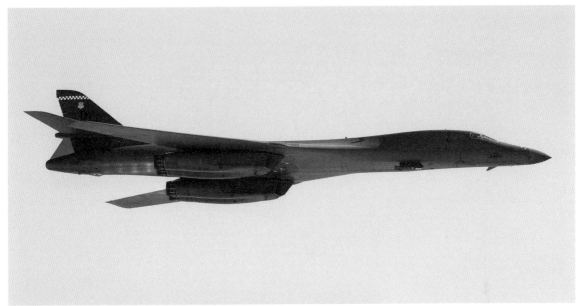

フルアフターバーナーで低空高速飛行を行う第
7爆撃航空団第28爆撃飛行隊のB-1B
（写真：青木謙知）

共通戦略ロータリー・ランチャーを装着したB-1Bの爆弾倉（写真：青木謙知）

B-1AとB-1Bの
構造上の違い

　アメリカ空軍はLRCAを100機装備することとし、これに「B-1B」の名称を与えた。名称は変わったものの機体の基本的な部分はB-1Aとほぼ同様で、可変後退翼も含めて85％が共通であった。また攻撃用電子機器はB-52Hと90％の共通性をもたせて、コストの低減を図った。一方で機体設計にはいくつかの手直しが加えられ、機首部は丸みを帯びた形になっている。また主翼前縁付け根の固定グローブ部は全体揚力を部分的に受けもつラインに変更されて、高迎え角飛行時の安定性と操縦性を改善している。乗員数は4人のままだが、モジュール全体のカプセル式脱出方式は見直されて、個々の乗員が射出座席に座って個別に脱出する方式に変更された。これにより機体のコストが大きく低減できている。

運用試験で前方胴体下部にAGM-158統合空対地スタンドオフ・ミサイル(JASSM)を搭載した第412試験航空団第419飛行試験飛行隊のB-1B
(写真：アメリカ空軍)

B-1A当時からあった機首部左右の小さな可動式ベーンはそのまま残された。これは構造モード制御システム(SMCS：Structural Mode Control System)と呼ばれるもので、空気密度の濃い低高度飛行に際して受ける乱気流の影響を軽減するためのものである。可変後退翼を駆使して低高度超音速で侵攻するB-1Aには必要不可欠のものであったが、B-1Bでは残すことに賛否もあった。ただ、任務が変更されるとはいってもB-1Bも可変後退翼を有しているので低高度侵攻を行う可能性は十分にあり、またシステムを外すほうが設計変更などでかえってコスト高になるなどの理由から残された。

エンジンはジェネラル・エレクトリックF101ターボファンのままだが、ドライ時推力75.6kN、アフター

バーナー時推力137.0kNのF101-GE-120になった。エンジン排気口は12枚のパネルによるコンバージェント／ダイバージェント式の可変排気口で、「七面鳥の羽」型と呼ぶフェアリングがつけられていた。しかしこれはのちに機構が複雑で整備がやっかい、そして重量を軽減できるという理由から外されている。

エンジン空気取り入れ口は、今もその詳細は不明だが内部の設計にかなりの変更が加えられて、入り込んだレーダー波がエンジンのファン前面に届きにくく、また届いた場合でもその反射波がでにくいようにされ、いわゆるステルス性の確保が行われた。このほかにも採られた各種のステルス技術により、B-1BのRCSは0.75〜1.0m²と、一般的な非ステルスジェット戦闘機の3〜5m²よりもかな

り小さくなっている。

B-1Bは、これもB-1Aと同様に、3区画に分けた兵器倉を胴体内に有し、それぞれにAGM-86B ALCMを搭載することができるようにされた。さらに兵器倉前方の胴体下面左右に機外搭載用のハードポイントがあって追加の兵器搭載も可能であったが、そのように使用することはほとんどなく、近年では目標指示ポッドの装着ステーションとしても使われている。

B-1Bの電子機器類

B-1Bの電子機器について簡単に触れておくと、中核は自動飛行操縦装置と攻撃用電子システム(OAS：Offensive Avionics System)、防御用電子システム(DAS：Defensive

防空演習でカタール空軍のダッソー・ミラージュ2000-5と編隊飛行を行うB-1B（写真：アメリカ空軍）

Avionics System）で構成されている。OASは兵器の管理・投下をつかさどるデジタル・システムで、ミッション飛行の最中に再プログラムすることも可能だ。機首にはAN/APQ-164多モード・レーダーを有していて、下記のモードを有するため、個別の地形追随専用レーダーなどは装備していない。

◇リアルビーム地上マッピング・モード
◇高解像度地上マッピング・モード
◇ベロシティアップデート・モード
◇地上マップビーコン・モード
◇地形追随モード
◇地形回避モード
◇精密位置アップデート・モード
◇高高度較正モード
◇会合ビーコン・モード

◇会合モード
◇気象探知モード

このうち地形追随モードでは、レーダーは前方を迅速にスキャンするよう自動的にスイッチングを行って左右をスキャンし、これから接近する地形を約16km先まで記憶して、地形に対して最高2,000フィート（610m）、最低200フィート（61m）の間隔を維持できる飛行ラインを画面に表示する。DASは敵のレーダー輻射を探知するAN/ASQ-184と、レーダー妨害装置であるAN/ALQ-161Aとで構成された。またDASには尾部コーン最後部内に収められたドップラー・レーダーも組み込まれていて、接近してくる航空機やミサイルを探知し脅威として乗員に知らせるようにされた。

B-1Bの製造から実戦配備まで

100機の装備が決まったB-1Bの開発には、B-1Aの試作2号機（アメリカ空軍シリアル・ナンバー74-0159）と4号機（76-0174）が用いられることになって、必要な改修が行われた。2号機は飛行荷重の調査が主体であったが、あわせて新設計の空気取り入れ口の評価にも用いられて、飛行操縦システムに大きな変更が加えられた。4号機はOASとDASの開発と試験が主たる目的となったが、こちらの機体にも大幅な変更が必要であった。

こうしているなか、B-1Bの初号機（82-0001）の組み立てが進められたが、この機体には製造作業中にプログラムが中止となったB-1A 5号機

の製造途中段階にあったコンポーネ
ントがかなり使われた。そして初号
機は1984年9月4日にロールアウト
して、10月18日にエドワーズ空軍基
地で、約3時間20分間の初飛行を
行った。

　量産型B-1Bによる開発・実用試
験は、多くの問題に直面することに
なった。その詳細は省くが、特に
レーダーの地形追随機能の問題は大
きく、低空飛行を困難にしていた。ま
たDASでも、脅威の把握やそれに関
する情報にさまざまな問題が見つ
かった。このためB-1Bが戦略航空コ
マンドの実働部隊に配備されたのは

1991年9月1日になってのことで、初
飛行から7年も経ってのことであっ
た。またこの実戦配備に先立つ1990
年3月1日にアメリカ空軍はB-1Bに
「ランサー（槍騎兵）」の公式愛称を
付与した。B-1は、1964年に立てられ
た発達型有人戦略攻撃機と名づけら
れた計画を起源としている。この計
画は、その頭文字を取って"AMSA"
とも呼ばれたが、B-1Bが爆撃機とし
て実用就役できたのは、それから27
年もあとのこととなってしまった。
このため計画名の"AMSA"は同じ頭
文字を使った、「アメリカでもっとも
研究された航空機（America's Most

Studied Aircraft)」と揶揄されるに
至った。

B-1Bの実戦活動
および現状

　1991年に冷戦が終結するとアメリ
カは、戦略爆撃機用途を核打撃から
通常攻撃へと移し始めて多くの爆撃
機が核攻撃任務を解かれた。B-1Bは
実用化前に起きていたエンジン・ト
ラブルの問題から、1991年の湾岸戦
争（「砂漠の嵐」作戦）には加わらな
かったが、1998年12月の「砂漠の狐」
作戦を皮切りに、「同盟の力」作戦、「不

グアム島への展開でアンダーセン空軍基地に着陸する第7爆撃航空団
第28爆撃飛行隊のB-1B（写真：アメリカ空軍）

朽の自由」作戦、「オデッセイの夜明
け」作戦、「生来の決意」作戦で実戦
活動を行っている。もちろんすべて通
常兵器による攻撃・爆撃であった。
　アメリカ空軍は2015年に発表した
組織改編で、B-1B部隊の所属を、戦
略核打撃組織である全地球打撃コマ
ンドから航空機による戦闘組織であ
る航空戦闘コマンドに移すことを発
表した。これによりB-1Bは、アメリ
カの核戦力から外されることとなっ
た。2024年初めの時点でのアメリカ
空軍の保有機数は、62機（うち2機は
試験専用機）である。

【DATA：B-1B】

全幅　41.66m（主翼前進位置）
　／23.84m（主翼後退位置）
全長　44.43m
全高　10.24m
主翼面積　180.9m²
空虚重量　84,736kg
最大離陸重量　213,192kg
エンジン　ジェネラル・エレクトリッ
　クF101-GE-102×4
最大推力　75.6kN（ドライ時）
　／137.0kN（アフターバーナー時）

機内最大燃料容量　113,811L
最大速度　マッハ1.25（高空）
　　　　　マッハ0.92（海面高度）
実用上昇限度　18,288m
戦闘行動半径　5,543km
無給油最大航続距離　11,992km
固定武装　なし
爆弾類最大搭載量　34,020kg
乗員　4人

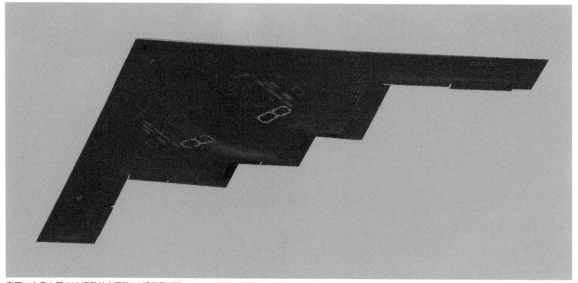

真下から見た第509爆撃航空団第13爆撃飛行隊のB-2A。左右の爆弾倉扉後方の固定部パネルの縁が白く塗られている（写真：青木謙知）

ノースロップ・グラマン B-2A スピリット

■ATBプログラムの概要

　1977年6月にジミー・カーター大統領がB-1プログラムをキャンセルすると、いくつもの歓迎の声が上がった。その1つは余った資金を空中発射巡航ミサイルの開発にまわせるというものだったが、もう1つ、当時はまだ表にはでていないものであったが、敵のレーダーによる探知を困難にすることで洗練された防空網をくぐり抜けていく、低視認性航空機の開発を進められるということがあった。1975年にアメリカの国防先進計画局（DARPA：Defense Advanced Research Projects Agency）は低視認性航空機に関する初期の技術的データの提供を、ロッキード、ボーイング、ノースロップから受けていて、そうした作戦用航空機の研究と開発を進めていた。この最初の審査に勝利したのはロッキードで、最終的には世界初のステルス戦闘機F-117ナイトホーク

となるハブ・ブルー実証機の製造契約を得たのであった。そして大型の爆撃機については、ノースロップが担当企業に指定された。

　1978年にカーター政権は極秘プログラムとして、低視認性技術を用いたステルス爆撃機の始動を承認した。このプログラムは発達技術爆撃機（ATB：Advanced Technology Bomber）と名づけられて、キャンセルとなったB-1に代わるプロジェクトになるものと考えられた。また東西冷戦の緊張の高まりが続いていた時代でもあったから、旧式化したB-52では不可能なソ連の領空内に数100kmの間探知されずに入り込んで核爆弾を投下する、もっとも有効な手段になるものとも捉えられていた。このATBプログラムの初期段階では、ノースロップはすぐにそれまでの自社の機体案の見直しにとりかかり、1940年代末に試作したYB-35/YB-49全翼機の設計を引っぱりだしてきた。これらの機種の飛行試験で

は、意図していたものではなかったが、時としてレーダーでの探知や捕捉、追尾が困難だったという評価が成されていたのである。このためノースロップは、新たな全翼爆撃機の設計に本腰を入れることにしたのであった。

　1980年9月にアメリカ空軍は、ATBに対する提案要求書を発出した。コストと技術に関する要求はかなり厳しく、このため航空機産業各社はチームを組んで競争提案を行うことにした。ロッキードはロックウェルおよびノースロップとチーム編成を行い、ボーイングはリングテムコ-ボート（LTV）とチームを組んだ。一方で1981年1月にレーガン大統領が誕生すると、国防予算の不足からいくつかの新しいプロジェクトが復活することとなり、そして1981年10月2日にレーガン大統領は戦略近代化計画（SMP：Strategic Modernization Program）を発表して、B-1Bを100機発注する計画であることを示した。

ノースロップ最初の全翼爆撃機であるYB-35。1946年6月15日に初飛行した（写真：アメリカ空軍）

YB-35のエンジンをターボジェットにするなどした改良型の全翼爆撃機ノースロップYB-49（写真：アメリカ空軍）

加えて、極秘ではあったが、ATBの作業を進めていくこともSMPに盛り込んだのであった。この時点でATBの製造機数は132機と計画されていた。

　ただ前記のチーム編成はすでに意味を失っていて、機体案を提案しているのはロッキードとノースロップだけになり、前者の案には「シニア・ペグ」、後者には「シニア・アイス」のコードネームがつけられた。ロッキードの「シニア・アイス」については現在もまだほとんど情報がでてい

ないが、ロッキードはステルス戦闘機の開発で高い評価を獲得していて、加えてB-1を開発したロックウェルがチームメンバーとなっていたから、強力な競争者であった。しかし勝者に指名されたのはノースロップで、1980年10月20日に飛行試験機6機と地上試験機2機の初期製造契約が与えられた。さらにオプションで127機の前量産機の製造契約も与えられて、1987年の初度作戦能力獲得という日程が義務づけられた。

　ノースロップはその後ボーイング

とチームを組み、前方および中央胴体、操縦室、主翼の前縁と後縁、操縦翼面の製造を受けもち、加えてもちろん最終組み立てと作業全体の調整も担当することになった。他方ボーイングは後方胴体、兵器倉、主翼外翼部、降着装置を担当することが決まった。最終組み立ては、カリフォルニア州パームデールにある極秘プロジェクト用のアメリカ空軍第42施設（プラント42）で実施されることも決められた。

1988年4月にアメリカ空軍が初めて公表したATBの想像図。全翼機であることが判明した。エンジンの空気取り入れ口や排気口は形状などがわからないよう描かれていた（画像：アメリカ空軍）

ステルス爆撃機B-2の特徴

　ATBの開発が明らかになったのは1980年10月のことで、当時のジミー・カーター大統領が新しい爆撃機を開発していることを発表したときであった。そしてこの発表に際して「ステルス（隠密）」という単語を使ったことから、「見えない爆撃機」という呼び名が用いられるようになった。もちろん機体は実在するから、近くにあれば目に映ってはっきりと見える。この"見えない"は、レーダーに映らない（映りにくい）という意味であった。また今日では、電波探知だけではなく赤外線などの光学システムや、音響システムも含めたあらゆる探知方式で捉えにくいという意味に広がっている。

　いずれにしても、ステルス爆撃機というのは前例のない呼び名であったから、どのような形状をしているのか、どんな技術が用いられているのかなどは大きな関心を集めて、世界中から荒唐無稽なものも含め、さまざまな想像図が出回ったのであった。

　それに終止符が打たれたのは1988年4月のことで、アメリカ国防総省が1枚の想像図を発表した。その機体は垂直尾翼や方向舵、水平尾翼、胴体下のフィンなどをいっさいもたない、純粋な空飛ぶ主翼、すなわち全翼機であった。真上あるいは真下から見ればその形はブーメランのようでもあり、一方で真横から見るとほとんど1枚の板と呼べるものであった。胴体中央部には盛り上がりがあって、操縦室や爆弾倉が収められ

ており、またその左右にエンジンが配置されていた。

　B-2の主翼端や主翼後縁にはいくつかの角があるが、それらが構成する角度は基本的には2種類（35度と215度）に統一されていた。そして降着装置扉や兵器倉扉などのパネルの縁も、その角度にあわせた鋸状になっていた。これが今日ではステルス性確保で一般的に用いられている、「エッジ・マネージメント」という技術である。

　またB-2の機体表面のほとんどは、機体の接合部などからのレーダーは反射を抑える特別な素材で覆われたが、空気取り入れ口など設計上の特殊性などからそれではカバーできない部分には、レーダー波吸収素材（RAM：Radar Absorbent Material）

空中給油のためボーイングKC-10Aエクステンダーに接近するB-2A（写真：アメリカ空軍）

を使用して、高度なステルス性を確保している。RAMによるコーティングは多層構造になっていて、当たったレーダー波を吸収するとともに外にださない（反射を抑える）ことを可能にしている。

尾翼がないことは確実に横方向からのレーダー反射断面積を減らすが、一方そこにある操縦翼面（方向舵や昇降舵など）がなくなるので、飛行のためにはそれを補う必要がある。これは基本的に、主翼後縁にある複数の翼面を左右反対に動かす（片側を上げたら反対側を下げる）か、左右同一に動かすことでまかなわれる。ただ主翼（というか胴体全体）の表面に境界層流があるため、それらは中立位置から5度以上動かされないと効果を発揮しない。

全翼機は、基本的には不安定な航空機である。ノースロップは過去にいくつかの全翼機を試作しているが、いずれも操縦が難しいという問題を抱えた。しかし1970年代にコンピューター制御のフライ・バイ・ワイヤ飛行操縦装置が実用化されると、意図的に不安定に設計した航空機であってもパイロットが制御できるようになって、戦闘機の機動性を大幅に向上できることを証明した。そしてこうした操縦システムの実用化は、全翼機にとっては朗報で、B-2は4重のデジタル式フライ・バイ・ワイヤ・システムを備えた。末端の操縦翼面については、油圧と電気サーボによるアクチュエーターで作動するが、今日の電気油圧アクチュエーターのような一体化したもので

はなく、個別の機構となっている。

B-2のエンジン

エンジンはジェネラル・エレクトリックが新規に開発したF118-GE-100アフターバーナーなしターボファン（84.5kN）4基で、2基ずつを中央の盛り上がり部左右に配置している。このエンジンは、B-1に使われたF101の派生型で、バイパス比を2から0.87に減らしている。燃費性能などを考えればバイパス比は高いほうが有利だが、それだとファン直径をはじめとしてエンジン全体が大型化してしまい、機体の高ステルス性設計に問題を生じる。このため、エンジンをコンパクトにまとめることを優先したということなのである。

ホワイトマン空軍基地で、爆弾倉扉を開いて発進前の準備受ける第509爆撃航空団のB-2A。爆弾倉内からエアブレーキがでている（写真：アメリカ空軍）

空気取り入れ口は操縦室区域の左右にあって、翼の前縁から可能なかぎり後方に配置していて、先端の形状にも工夫を加えた。これにより超音速近くに加速する空気流を圧縮して、開口部から流入する前に亜音速に減速するようにしている。

空気取り入れ口は中央胴体左右のエンジン区画に空気を導いているが、取り入れ口からエンジンまでのダクトは、おそらくは1本ではなく、左右それぞれの2基のエンジン用が個別に設けられていると思われる。これによってそれぞれのダクトに複雑な曲げを設けることが可能となって、開口部から入ったレーダー波が

エンジンに直接到達することを避けることができているようだ。

エンジン排気口は後方胴体左右にあって、開口部は上面にある。赤外線の輻射抑制システムが備わっていて、赤外線探知に対するステルス性も有している。また開口部が上面であるから、特に地上からの赤外線誘導やミサイルに対する生存性は高められているといえる。また目視発見を困難にする方法として、飛行機雲の発生を抑制することが考えられて排気口に特殊な薬品を流し込む方法が採られたが、薬品が劇物で取り扱いが難しいため、このアイディアは放棄された。

B-2の電子機器や兵器類

B-2の乗員は、近年のジェット旅客機と同様に機長と副操縦士の2人だけで、攻撃や防御の専任乗員はいない。これは、それらに使う電子機器が進化して高レベルの自動化が可能になったため、あらゆるミッションを2人の乗員でこなせるよう設計されている。また長時間の飛行任務も想定されたことから、操縦席の後方には広い休憩スペースがあって、簡単な調理や食事も可能になっている。2人は個別の射出座席に座り、緊急時の脱出が可能だ。

攻撃用の電子機器としては2基の

アメリカ空軍の最新鋭空中給油機ボーイングKC-46Aペガサスから給油を受けるB-2A（写真：アメリカ空軍）

AN／APQ-181レーダーがあって、ランダムにレーダー・ノイズをだすことで探知を困難にする低被迎撃可能性（LPI：Low Probability of Interception）型である。アンテナはアクティブ電子走査アレイ方式のもので、合成開口レーダー機能や地形追随／地形回避、地上移動目標識別など20以上のモードを有している。

　B-2は胴体中央部内に爆弾倉を有していて、2つの爆弾倉が左右に並べられており、2枚の扉がつけられている。兵器類はすべてこの中に搭載されて、機外ハードポイントはない。爆弾倉への最大搭載量は空軍の公式発表数値では40,000ポンド（18,144kg）と

なっているが、推測では50,000ポンド（22,680kg）の能力があるとみられる。搭載兵器は通常爆弾から巡航ミサイルまで多彩で、GPS誘導の精密誘導爆弾（核爆弾も含む）の運用能力もある。また特殊な兵器としては、重量27,125ポンド（12,304kg）のGBU-57A/B大型貫通兵器（MOP：Massive Ordnance Penetrator）がある。バンカー・バスター（塹壕破壊弾）とも呼ばれるこの爆弾は、重量4,590ポンド（2,082kg）の高性能爆薬を弾頭として装備し、地中約61mまで潜って起爆し、地下化された指揮所などの施設を破壊するのに用いられる。なお、B-52までに見られた防御用の機

関砲類は、B-1A/Bと同様に有していない。

　防御システムについては高度な機密保持化にあって、情報はほとんどない。ロッキード・マーチンが開発したAM／APR-50（別名ZSR-63）と呼ぶ装置が備わっているとみられていて、この装置は機体各部に装着されたアンテナにより脅威となる電波輻射を探知して、識別や位置特定などを行って、リアルタイムで乗員に知らせる機能があるという。

B-2の初飛行から実戦まで

B-2の初号機となる航空機（AV：Air Vehicle）-1（アメリカ空軍シリアル・ナンバー82-1066）は、1988年11月22日にパームデールのプラント42で初公開された。この時点では機体は完成していたものの飛行できる状態にはなく、また今後の製造スケジュールなども示されなかった。それでも1989年7月10日にタクシー試験を開始して、7月17日に112分間の初飛行を行った。さらに1990年10月19日にはAV-2（82-1067）が、1991年

6月18日にはAV-3（82-1068）がそれに続いて進空した。AV-6までの最初の5機は開発用航空機との位置づけで、その最終機となったAV-6（88-0328）は1993年2月2日に初飛行した。そして最初の量産機であるAV-7（88-0328）は1993年12月に、実用機の配備基地であるミズーリ州のホワイトマン空軍基地に配置された。そしてこのときまでは、B-2の装備計画機数は132機が維持されていた。しかしそののちにチェイニー国防長官が行った防衛力装備の見直しでまずほぼ半数の75機へと大幅な削減

が行われ、加えて生産計画機数も1990年代中期の時点で年産12機にすることが決められた。この生産機数では当然機体価格は上昇するが、さらに1991年にソ連が崩壊して冷戦が終結に向かうことになると、アメリカ政府もB-2の装備をあきらめざるをえなくなった。こうして1992年にジョージ・ブッシュ大統領はB-2の製造を、6機の試験機を含めて20機で終了することを決断した。これによりB-2を装備する第一線作戦部隊は、ホワイトマン空軍基地の第509爆撃航空団のみとなった。

ホワイトマン空軍基地のB-2Aの列線。全地球打撃コマンドの第509爆撃航空団とミズーリ州兵航空隊第131爆撃航空団（連携）が機体を共用している（写真：アメリカ空軍）

　B-2の最初の実戦使用は1999年3月24日の「同盟の力」作戦の最中で、セルビア軍の目標に対してGPS誘導のJDAM通常爆弾を投下した。さらに5月7日にもベオグラード市内の目標に対して同様の爆撃を行ったが、このときアメリカ軍が有していた情報が古く、目標にしたビルには中国大使館が移ってきていて、中国大使館を爆撃してしまった。

　また、2011年3月19日に開始された対リビア戦である「オデッセイの夜明け」作戦では、ホワイトマン空軍基地からリビア間の約18,150kmの往復距離を無着陸で飛行して爆撃を行うというミッションも行った。このときの総飛行時間は25時間あまりで、もちろん2人の乗員のみで飛行を行った。

【DATA：B-1A】

全幅　52.43m	最大速度　1,019km/h
全長　21.03m	巡航速度　902km/h
全高　5.18m	実用上昇限度　15,240m
主翼面積　477.5m²	航続距離　11,111km
空虚重量　71,669kg	固定武装　なし
最大離陸重量　170,555kg	爆弾類最大搭載重量　18,144kg
エンジン　ジェネラル・エレクトリック	（公称：22,680kg、推測）
F118-GE-100	乗員　2人
最大推力　84.5kN	

2022年12月2日にパームデールの第42施設で行われたB-21Aの初公開式典。右に立つのはロイド・オースティン国防長官（写真：アメリカ空軍）

ノースロップ・グラマン B-21 レイダー

NGB計画からLRS-Bへ

アメリカ空軍の新しい長距離打撃-爆撃機（LRS-B：LongRangeStrike Bomber）計画において、2015年10月27日に国防総省が開発契約をノースロップ・グラマンに与えたことで開発が行われたもので、通常爆撃と核爆撃の双方の用途に使用でき、先進の防空環境に侵入しまた生存できる能力が求められた。アメリカ空軍が新爆撃機の模索を開始したのは2004年で、次世代爆撃機（NGB：Next Generation Bomber）として研究を開始し、2006年にはその就役開始目標を2018年にすることが定められた。このNGB計画では、アメリカ空軍の爆撃機戦力を補完する近代的な長距離の侵攻打撃能力を有する機種と規定されていた。当時アメリカ空軍は、B-1B、B-2A、B-52Hの爆撃機戦力の保有を2037年ごろまでと考えていて、そのころに超高速巡航ミサイルや新型爆撃機の就役を目指すとしていた。そしてNGB計画に対しては、ノースロップ・グラマンと、ボーイング/ロッキード・マーチンのチームが採用を競うことになった。

しかしこのNGB計画は、いつものことではあるがコストの問題、そして有人機と無人機のどちらが有効かなどの議論の末、2009年にキャンセルとなった。ただアメリカ空軍は有人の侵攻爆撃機の価値を崩すことはなく、新爆撃機の能力を長距離打撃ミッションだけでなく、長距離スタンドオフ・ミサイルや通常弾頭装備の空中発射弾道ミサイルを使ってのミッションにまで広げ、さらに有人の侵攻能力も維持した計画に変更

し、これが2011年にLRS-Bとなったのである。

LRS-Bに求められた能力

のちにB-21が採用されることとなったLRS-Bに求められた能力で公表されているのは、次の2点である。

1. 現用中および将来的に装備する広範な種類の兵器を大量かつ柔軟に搭載できるペイロード能力。
2. 長い航続距離（具体的な数値は今に至るまで未公表）。

また、次の3つの能力を有することが求められたのも明らかになっている。

1. 現用中およびこれから開発される

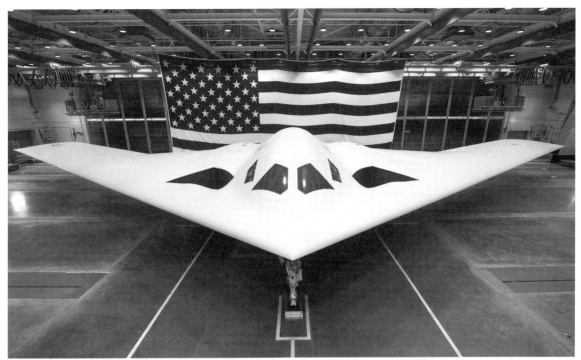

前方やや上から見たB-21A。B-2に比べると空気取り入れ口の開口部がかなり小さく見える（写真：アメリカ空軍）

初公開時に公表された2点の写真の1つ。写真自体はどちらも同じで、こちらの背景はCGによる夜景を合成したものと思われる（写真：アメリカ空軍）

兵器のすべて（具体的にはJDAM やGPS誘導のスタンドオフ兵器と 巡航ミサイル）を含めて、大量で また柔軟性のあるペイロード要塞 能力を有すること。
2. 長航続力（具体的には未公表）を

有すること。
3. 20210会計年度での目標機体価格 は5億5,000万ドル（605億円）。

この機体価格は、要求されている 性能パラメーターを満たしたうえで

の目標であり、また調達機数100機 を基本にしたものである。加えて、 2010会計年度での5億5,000万ドル は、2019年価値に換算すると6億 3,900万ドル（702億9,000万円）にな るとされる。

また、2024年2月現在のアメリカ空軍の公式ファクトシート（概要報告書）には

<任務>
B-21は通常および核兵器の投下能力をもつ複合任務侵攻打撃ステルス爆撃機

<特徴>
通常の長距離打撃用の一連のシステム・コンポーネントを備え、情報・監視・偵察・電子攻撃などの機能を備える。また有人あるいは無人航空機主協調できる。オープンシステム・アーキテクチャーを用いて、脅威環境の変化に対応する近代化を可能にする

などが書かれているだけで、ほかの機種では記載されている機体の寸度・性能などの諸元などはいっさい示されていない。

B-2とB-21の違い

B-21はノースロップ・グラマンが開発担当に指名されると比較的すぐに想像図が公表されて、B-2同様（というかよく似た）全翼機であることが示された。そこに描かれていたB-2との最大の違いは胴体の後縁部で、B-2は中央部にくびれを設けたのに加えてエンジン排気口部にもくびれがあり、後縁が「W」字型をしてい

る。これに対し想像図はくびれが中央部だけになってシンプルなラインとなっていた。これはそのあとに発表された別の想像図でも変わっていなかったので、初公開された写真では写っていない部分ではあるが、おそらくはそのようになっているのであろう。

そのほかに、1点だけ公表されたB-21の正面からの写真と、同アングルのB-2Aのものを見比べると次の違いが見受けられる。

1. コクピット風防の形状変更。上下に切り込みがあり、また全体的に小さくなっている印象を受ける。
2. 中央部の盛り上がりの小型化。上

タクシー試験に向けて空軍第42施設から引きだされたB-21A。基本データも含めて、まだ公表事項は少ない（写真：ノースロップ・グラマン）

面が低くなっていて、下面もかなり平板になったように見える。
3. エンジン空気取り入れ口の小型化。翼上面の空気取り入れ口の位置は大きな変更はないが、かなり平板なり、また開口部も大幅に薄くなっている。
4. 脚カバーの廃止と小型化。前脚カバーはなくなり、大面積だった主脚カバーもかなり小さくなった。
5. 車輪は前脚、主脚ともにダブルタイヤだが、B-2は主脚が2列で4輪ボギーだったのに対しB-21の主脚は2輪。
6. 前縁部が直線化されて、B-2Aにあった前縁先端のドループ部が廃止された。

加えて、初飛行とタクシー試験の結果でわかったこととしては、次の点がある。

1. 補助空気取り入れ口の開口部が4個から2個に減った。
2. 機体最後部が固定式になった。

後者については、B-2は可動式の「ビーバーテイル」と呼ぶ形式になっていて、特に低高度飛行時に機体にかかるガスト荷重を軽減するのが目的に装備されているのだが、実際には多くのB-2パイロットが「効果はほとんど実感できず、システムのスイッチはほぼ常時オフにしている」とインタビューなどに答えており、

B-21では不要とされたようである。

またノースロップ・グラマンはB-21の初公開にあわせて、「B-21の特徴を示して次のように記していた。

◇第6世代機：B-21には30年あまりの打撃およびステルス技術が組み込まれている。これにより新世代のステルス技術、先進のネットワーク技術、オープンアーキテクチャー環境を実現し、空軍の戦略爆撃機に次代の進化をもたらし、脅威の度合いが高い環境にも対応して、空軍のもっとも複雑なミッションにおいても重要な役割を果たす。

空軍第42施設内のB-21A。これまでのステルス機が黒であったのに対し、B-21は明灰色で塗られている（写真：アメリカ空軍）

◇高いステルス性：ノースロップ・グラマンは、新しい製造技術と新素材の適用で技術の進歩を続け、直面する近接・阻止および領域無力化＝接近拒否/領域無力化（A2/AD：Anti-Access/Area Denial）にB-21が対応し続けられるようにできる。

◇戦力の屋台骨：B-21は、将来のアメリカ航空戦力の屋台骨となる。B-21は、先進の情報、センサーそして兵器の統合能力と柔軟性に新しい時代をもたらす。通常兵器と核兵器双方の運用能力と、スタンドオフから直接攻撃までの広範な兵器の混成使用能力によって、もっとも効果的な航空機となる。

◇デジタル爆撃機：B-21はデジタル爆撃機である。迅速なソフトウェアの開発、先進の製造技術、そしてデジタル・エンジニアリング・ツールがB-21の製造リスクの大幅な低減を支援し、先進の維持整備

を可能にしている。2022年12月2日時点で、パームデール工場では6機のB-21がさまざまな製造段階にある。

◇クラウド技術：ノースロップ・グラマンとアメリカ空軍は、B-21の地上システムのデータを、クラウド環境に移行する実証試験に成功した。この試験は、B-21デジタル・ツインを含むB-21のデータを、デジタル・インフラの堅牢なクラウドに置き、低コストでより維持・整備しやすい航空機にするものである。

◇オープン・アーキテクチャー：進化を続ける脅威環境に対応するため、B-21は就役開始初日から迅速なアップグレードを可能にする。これによりB-21は、数10年先に到来するであろう新たな脅威環境にも適合できる。

◇ナショナル・チーム：ノースロップ・グラマンは2015年の本契約

締結以来産業パートナーや空軍も含めて、8,000人以上によるB-21チーム体制により、先進の打撃航空機を設計・試験・製造してきた。チームには、40州に所在する400以上のサプライヤーも所属している。

◇維持と保守：長期にわたる運用と維持のアフォーダビリティは、プログラム開始当初からのB-21の優先課題である。アメリカ空軍とのパートナーシップによりチームは維持・保守性をステルス能力と同等に重視し、ユーザーによりアフォーダブルでまた予測可能な運用と維持を提供する。

◇全地球規模の到達能力：B-21は、アメリカの戦略的抑止力である爆撃機戦力の中核となる。先進の打撃能力に加えて、世界中のいかなるところにあっても目標を捉える能力を、情報・監視・偵察、電子攻撃、複合ドメイン・ネットワー

施設外のB-21A。機首には飛行試験データ計測用の較正ピトー管がついている。主脚扉の「ED」の文字は、この機体がエドワーズ空軍基地の第421試験航空団に配備されることを示している（写真：アメリカ空軍）

クなどの大規模ファミリーのコンポーネントを率いて、戦闘指揮官にもたらすものとなる。

上記のうち最初の「第6世代機」については、あとの項目と重複する内容があるのだが、注目されているのが無人航空機（UAV：Unmanned Aerial Vehicle）と有人機の連携（MUM-T：Manned-Unmanned Teaming）能力で、まだUAVにもたせる役割ははっきり定まってはいないが、多くの研究が進められていて、人工知能（AI：Artificial Intelligence）の搭載とその技術の活用はまず確実に行われる。

B-21のステルス性

B-2の項でも記したが、全翼機という機体構成は、機内容積を最大化しつつレーダー反射断面積を最小化できるという特徴を有していて、

ステルス機は通常機体前面をレーダー波吸収素材（RAM：Radiation Absorbent Material）でコーティングすることで、さらにステルス性を高めている。さらにより新しいF-35のような第5世代戦闘機では先進誘電体レーダー波吸収素材（ADRAM：Advanced Dielectric ARAM）サイドローブや拡散エネルギーを吸収するI-RAMと呼ばれる素材も用いられている。このI-RAMはいくぶん効果が低いといわれるが、相対的に安価であることが魅力的だとされる。

ステルス性の維持には、RAMによるコーティング維持が不可欠で、航空機は飛行中の空気などとの摩擦による摩耗をはじめとして、さまざまな要因で剥がれ、また劣化する。ステルス機では、ステルス性の保持のためにそれらを整備・保守するのが重要であり、他方そこにコストがかかることは、これからも避けられず、

定期的な手入れが不可欠となり、その作業としては、少なくとも7年に一度は塗装の塗り直しを行う必要があるとされている。こうしたことはF-117やB-2でも同様だったが、ロッキード・マーチンによれば新世代ステルス戦闘機のF-22ラプターではそうした所要を大幅に低下させることができているとしている。こうしたことは、B-21でも行われていると考えてよいだろう。

B-21の初飛行

アメリカ空軍はB-21について、配備基地の計画などは公表している。
初期の飛行試験などではエドワーズ空軍基地にデポ（補給処）が設置され、実用段階後も試験が継続されているかぎりは、エドワーズ空軍基地も並行してデポとしての機能を果たすことになるが、メイン・デポはエルスワース空軍基地に置かれる。

2023年11月10日にエドワーズ空軍基地で初飛行したB-21Aの初号機。2機種目の実用全翼爆撃機となる（写真：エビエーション・インテル＠X）

なお、デポや実際の運用基地で整備などの支援を行う企業には、バーンズ＆マクダネルが選定された。

B-21の具体的な情報については、2024年2月の時点でも厳しい情報管理下にあってわからないことが多い。あとでまた記すが、エンジンの数についてもいまだに公式な発表はない。そして初号機は2023年11月10日にパームデールで初飛行したのだが、アメリカ空軍もノースロップ・グラマンもこれについて公式の発表を行っていない（不思議なことにアメリカ空軍は2014年1月17日の二度目の飛行実施は認めている）。

こうしたことから公式の飛行中の写真はまだないのだが、B-21の初飛行が間近に迫っているとの情報を得たメディアやファンがエドワーズ空軍基地の周辺で張り込みを行って撮影に成功し、映像や画像が多数SNSなどにアップされた。

この初飛行はB-21の初公開から11カ月経ったのちに行われたことにな

るが、戦闘機や輸送機に比べればはるかに複雑なシステムが備わっているだろうことや、多くの高度機密事項を有していることなどを考えれば、初飛行を確実に行うには慎重を期す必要があり、ロールアウトから1年近くを要するのもうなずけよう。ちなみにこの初飛行は前日の9日に実施の予定だったが、機体に技術的な問題が発生して、1日遅れとなったのだという。

初飛行したB-21の初号機には、2つの特殊な装具がつけられていた。1つは機首部で前脚の左側のエアデータ・プローブで、もう1つは尾端近くの中央よりもわずかに左側のトレイリング・コーンである。エアデータ・プローブは固定装備品で、ほかの試作機や飛行試験機などと同様に、飛行試験機のみが装備する飛行試験用器材を示す、オレンジ色に塗られている（先端部除く）。トレイリング・コーンはリールにより出し入れが可能なワイヤの先端に、やはりオレンジ

色に塗られた小さな円錐形のコーンがついている。エアデータ・プローブは、ピトー管と同じ役割に加えて、迎え角と横滑り角を検出するベーンがあって、飛行中の機体の姿勢や飛行状態の把握を可能にしている。

トレイリング・コーンの先端にあるコーンは圧力計になっていて、ワイヤにより機体の後方遠くに伸ばすことで機体周辺の空気流による影響を受けることなく大気の圧力を計測し、それをピトー管の動圧と比較することで同様の値になるようピトー管の取りつけ位置や角度などを調節するのに用いられるものだ。どちらもB-21規模の航空機の飛行試験には不可欠なもので、初飛行時から使用されたとみられる。また集めることができた初飛行時の映像・画像はすべて降着装置が下げられており、飛行のほとんどを降着装置下げの状態で行ったようだ。

先に記したようにエンジンのメーカーや型式も未公表だが、プラット

&ホイットニーPW9000アフターバーナーなしターボファンが有力視されている。このエンジンもまだわからないことが多いが、ギアード・ターボファンの高バイパス比エンジンであるピュアパワーPW1000Gをベースに、バイパス比を4:1程度に低下させ、低圧セクションにはF-35に使われているF135のものをアレンジして活用しているともいわれているエンジンで、推力は120kN程度とみられる。そして双発であれば総推力は240kNとなる。これに対してB-2は、77.0kNのジェネラル・エレクトリックF118ターボファン4発だから総推力は308kNでB-21は約60%のエンジン推力を有する計算になる。

B-2Aの最大離陸重量は170,554kgであるから、同等の推力重量比を求めるのであればB-21の最大離陸重量約100,000kgとすればよいことになり、これが1つの目安となろう。

B-21の配備計画

B-21は、基本は核打撃能力を備えた戦略爆撃機であるが、アメリカ空軍では「多機能機」としての使用も考えている。これは、1年前の初公開時にロイド・オースティン国防長官がスピーチで述べたもので、「情報収集から戦闘管理まで多彩な役割に用いられる」とした。これを受けて現在B-21は、広範でかつ秘密の長距離打撃システムのファミリー(LRSFoS：Long Range Strike Family of Systems)の一コンポーネントとして扱われている。このFoSには、B-21の主兵器として開発が進められている、核弾頭の装備が可能なAGM-181ステルス長距離スタンドオフ(LRSO：the stealthy Long Range Stand-Off)巡航ミサイルも含まれている。この

AGM-181は、AGM-86 ALCMの後継としてロッキード・マーチンが開発を担当しすでに飛行試験に入っていて、AGM-86の退役が完了する2030年ごろの就役を目指している。ミサイルの詳細はまだ明らかになっていないが、核弾頭にはW80 Mod 4が使われ、2,400km(1,300海里)を越す射程をもたせる計画だ。アメリカ空軍は、1,000発以上の調達を計画している。B-21には既存のあらゆる兵器の搭載能力がもたされるが、AGM-181は最新のもので、その開発動向が注目されている戦略兵器だ。

アメリカ空軍はB-21について、配備基地の計画などは公表している。それはあとで記すが、B-21Aの整備および運用支援の拠点となるデポ(補給処)については、オクラホマ州のティンカー空軍基地に置くことを2018年11月16日に発表した。ここは実運用に対するデポとなるもので、初期の飛行試験などではエドワーズ空軍基地にデポが設置され、実用段階後も試験が継続されているかぎりは、エドワーズ空軍基地も並行してデポとしての機能を果たすことになるが、メイン・デポはエルスワース空軍基地に置かれる。

B-21の引き渡しを最初に受けるのはエドワーズ空軍基地の第412試験航空団で、第412試験航空団には、爆撃機の試験飛行隊としてB-52H、B-1B、B-2Aを運用する第419飛行試験飛行隊が設けられているが、B-21の引き渡しが行われるとこの機種専用の第420飛行試験飛行隊が編成される予定である。そして最初の2機がこの飛行隊に配備されて、広範な試験作業を受ける。

最初の実働部隊は、サウスダコタ州のエルスワース空軍基地に編成されることが決まっていて、2020年代中期

(2025年ともいわれる)に配備が始まって、2030年に初度作戦能力(IOC：Initial Operational Capability)を獲得するという計画が立てられている。またアメリカ国防総省ではB-21について、IOCの2年後には核兵器の実運用能力をもたせる計画であるともしている。なおエルスワース空軍基地配備の最初の飛行隊は、B-21の公式訓練部隊(FTU：Flight Training Unit)ともなる。さらにエルスワース空軍基地に続いて、ミズーリ州のホワイトマン空軍基地、テキサス州のダイエス空軍基地も作戦部隊の配備計画基地にあげられている。

アメリカ空軍のB-21の装備計画機数は少なくとも100機とされており、145機という数字も伝えられる。これが実現すれば、旧式化が進んでいるB-52Hと、核打撃戦力から外されているB-1B全機がB-21と置き換えられて、アメリカ空軍の戦略爆撃機はB-2AとB-21という、2機種のステルス全翼機という戦力構成になる。

実用機の調達については、国防総省は2023年1月に低率初期生産を承認しており、政府・議会の決定を待つだけになっている。しかしB-1とB-2プログラムの実態を見ると、B-21が順調に進む保証はまだない。

【DATA：B-21A (推定値)】

全幅　約40m
全長　約16m
空虚重量　約32,000kg
最大離陸重量　約81,000kg
エンジン　プラット&ホイットニー　PW9000×2
最大推力　120kN
最大速度　マッハ0.8以上
乗員　2人

Appendix I
1966年6月8日の悲劇

バルキリーを語るうえで避けて通れないのが、
1966年6月8日の空中衝突事故である。
これで2機しかない機体が1機だけになってしまったのだ。

撮影のためXB-70Aの2号機を中心に編隊飛行に入った5機（写真：アメリカ空軍）

2号機を襲った
悲劇的な事故

　1966年6月8日、XB-70の2号機（AV-2）には比較的簡単な飛行試験が割り当てられていた。計画では、この飛行には2つの目的があった。対気速度の較正飛行と、この日初めてXB-70で飛行するテストパイロットの慣熟飛行だ。また飛行の前日には空軍が衝撃波を発生させる飛行を追加で求めてきたため、搭乗するテストパイロットの入れ替えが行われるとともに、AV-2がこの日だけで2度の飛行を行うスケジュールが組まれることになった。

　午前6時20分にエンジンが始動されて、7時15分に滑走路でブレーキが

解除、AV-2はエドワーズ空軍基地を普通に離陸していった。それからAV-2は4度の速度較正飛行を行い、その途中に随伴機の空軍のノースロップT-38Aタロンが燃料切れを起こしたため着陸した。代わって別のT-38Aが随伴するために離陸し、8時半ごろには衝撃波発生飛行も終了した。

　このあとAV-2は、別のミッションをこなすことになっていた。飛行試験ではなく、広報用のフィルムと写真の撮影であった。ともに飛行することになっていたのは、空軍のノースロップF-5Aフリーダム・ファイターとT-38AタロンとNASAのロッキードF-104Nスターファイター、そして海軍のマクダネル・ダグラス

F-4BファントムⅡであった。AV-2を含めたこれら5機は、高度約9,100mで編隊を組み、エドワーズ空軍基地から南西方向へと離れていった。AV-2の右主翼は、F-104Nの前方に位置し、F-5AはF-104の後方についた。AV-2の左側にはT-38AとF-104Nが占位し、この編隊から約180mのところに撮影機のビジネスジェット機のリアジェットが飛行していた。このあとAV-2は、高度約7,600mを速度約560km/hで編隊を先導してわずかな左旋回に入り、撮影が開始された。この間に撮影機からは数回にわたって、編隊の間隔を詰めるよう要求がだされていた。

　9時ごろには空軍のT-38Aによる

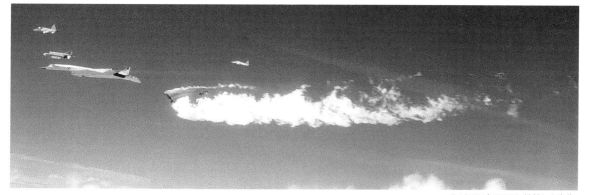

F-104N が XB-70 に接触した直後。
F-104N は炎上し、XB-70 の左方向
舵が失われている
（写真：アメリカ空軍）

全体が炎に包まれて落下する
F-104N（写真：アメリカ空軍）

写真撮影が終了したが、9時15分ごろにリアジェットから、フィルム撮影のため15分の撮影延長が要求された。このとき編隊のパイロットは誰もが、エドワーズ空軍基地への着陸のため編隊を解くつもりでいたが、この要求のため隊形を保って東向きの最終経路を飛行することとなった。そのときに、誰かは不明だが「空中……空中」と無線で伝えてきた。ほぼ同時にF-104Nの尾翼がAV-2に接触し、AV-2はまず右に傾き、続いて激しく左に横転して操縦を失っていった。一方でF-104Nは背面飛行状態になってAV-2に覆いかぶさるかたちとなって、AV-2の左右の垂直尾翼を失わせることとなった。この時点で

F-104Nのパイロットは、空中衝突の衝撃で死亡していたとみられている。

AV-2は、左右の垂直尾翼を失ったにもかかわらず、数秒間は何事もなかったかのように直進水平飛行を続けた。ただ機体はわずかに右に傾き始め、パイロットはそれを補う操作を行ったが激しく右に機首振り運動を始めた。今度はそれを止めるためにスロットル・レバーが動かされたが、もはや制御不能に陥っていて、機体はスピンに入った。

AV-2が制御不動の運動に入っているなか、パイロットは脱出操作を開始したが、カプセルの扉がしっかりとは閉まらず、機長はこのまま脱出操作を続ければ挟まっている腕を

失うと考えた。そこでカプセルをいったん解放しようとしたが副操縦士側の作動がうまくいかず、カプセルが開いた状態となって、そのまま固定されてしまった。一方で、AV-2の飛行高度が4,720m以下まで落ちたため、機長のカプセルの気圧作動装置が機能して自動的に働いてパラシュートが開き、機長はカプセルとともに機体から離れることができ、AV-2の落下には巻き込まれず、機体が最初に地面にぶつかった1分52秒後に着地した。カプセルに大きな損傷はなく、鋼鉄製の床面と座席がわずかに壊れた程度であった。機長は、ひどくやけどを負っていたものの生存状態で発見されて救助された。

ムービー映像撮影機のリアジェットの主翼端増槽越に見たXB-70。スピン状態に陥っている（写真：アメリカ空軍）

機首を大きく上げて高迎え角姿勢になってしまったXB-70（写真：アメリカ空軍）

事故の大きな要因として、F-104Nのパイロットがこの種のミッションに不慣れで、XB-70との距離をしっかりと把握し続けていなかった可能性が指摘された（写真：アメリカ空軍）

┃ 事故はなぜ起きたのか？

　この事故については、もちろん慎重かつ広範な調査が行われることになり、また編隊のパイロットに生存者が多いことや画像／影像が残っていることから、かなり正確な調査が可能であった。そして事故の要因として考えられたのは、次の事柄であった。

・ある1機の航空機の動きが引き起こした乱気流
・いずれか1機の航空機の機械的な故障
・航空機搭乗員の誰かの心理的な問題
・F-104のパイロットの不注意
・XB-70の周辺で起きていた空気流のF-104に対する空力的影響
・得られたF-104パイロットの視界範囲では予測ができなかったXB-70のF-104に向かってくる動き

　これらのうちXB-70周辺の乱流については、飛行試験用のテレメトリー・データからピッチ、ヨー、ロール軸のいずれでも異常な加速度は検出されておらず、また編隊内のF-5やT-38Aのパイロットからもその影響

地上に激突して炎上するXB-70Aの2号機（写真：アメリカ空軍）

は否定されている。また全パイロットの身体的あるいは心理的な状態も、当時の飛行時には大きな問題はなかったとされ、XB-70が徐々にF-104のほうに向かいだしたことに対し、F-104のパイロットがそれを感じとれていなかったことが衝突に至った要因の1つと考えられることになった。またF-104は最初にXB-70の左主翼に接触したが、その約2.8秒後には垂直尾翼にも接触しており、F-104のパイロットには脱出する時間はほと

んどなかったともされている。

　この事故でもう1つ問題となったのは、機長の証言にある脱出装置が計画どおりに機能しなかったことであった。それらについては、次のようにまとめられた。

・適切な脱出手順がとられていなかった
・脱出システムに機能不全があった
・機長は脱出時に、やけどを含む負傷を負ってしまった

・XB-70の激しい動きが判断力を失わせた
・離陸前に一部の脱出システムの安全ピンについて抜き忘れがあった

　この事故はXB-70 2機をあわせて95回目の飛行であったが、この事故がそののちのプロジェクトに大きく影を落としたことだけは確かだ。

Appendix II
マッハ3戦闘機XF-108レイピア

マッハ3の爆撃機にはマッハ3の護衛戦闘機が必要と考えられた。
そこで計画されたのがXF-108だったが、
当然のことながら計画は中止になった。

マッハ3級戦闘機XF-108レイピアの想像図。双発複座の大型機であった（画像：ノースアメリカン）

F-108の開発経緯と
機体概要

　XB-70に先立って、1950年代後半に開発に着手されたマッハ3級の軍用機プロジェクトが、ノースアメリカンF-108Aレイピア高速迎撃機計画であった。アメリカ空軍にとっては、1953年9月27日に初飛行したノースアメリカンF-100スーパーセイバーが最初の超音速戦闘機で、1954年9月に実用配備を開始して超音速戦闘機時代の幕開けを迎えた。さらにロッキードF-104スターファイター（1954年3月4日初飛行、1958

年実用化）ではマッハ2の領域に達して、戦闘機のさらなる高速化は1つの目標になっていた。そうしたなかアメリカ空軍は、1955年10月6日に長距離迎撃機試作（LRIX：Long-Range Interceptor Experimental）計画を立てて1957年6月6日にノースアメリカンに対して2機の試作契約を与えたのである。この機体にはF-108Aの制式名称が与えられて、長航続距離の高性能迎撃機を開発することが定められていた。これに対してノースアメリカンが設計したのが社内名称NA-257で、北極点を越えて攻撃してくるソ連の爆撃機をアメリ

カ本土に近づく前に攻撃・撃破できるマッハ3の速度性能をもつ航空機とされた。また、今後開発されるマッハ3級の爆撃機（XB-70バルキリーが計画された）の護衛任務を行えることも可能とされた。アメリカ空軍はF-108Aの就役開始を1963年初めに設定し、480機以上を装備することを計画した。

　F-108Aの機体構成は、大面積のデルタ主翼をもつ双発機で、尾翼は1枚の垂直尾翼のみで水平尾翼は備えないとされた。2基のエンジンは左右の主翼後部内に埋め込み式で搭載し、胴体側方に空気取り入れダクト

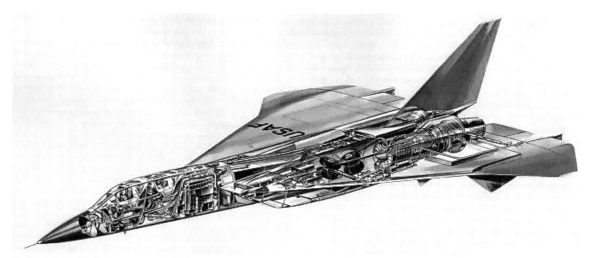

XF-108の機内透視図（画像：ノースアメリカン）

XF-108の作戦運用の概念図（画像：ノースアメリカン）

F-108のモックアップの兵器倉に収められた
GAR-9ファルコン空対空ミサイルの実物大模型
（写真：アメリカ国防総省）

を走らせて、その先端は主翼前縁付け根部下にあって矩形の可変式取り入れ口を備えるようになっていた。エンジンにはXB-70で装備されることになる、ジェネラル・エレクトリックJ93-GE-3ARアフターバーナーつきターボジェットが選定された。これにより高度75,550フィート（23,028m）で1,711ノット（2,484km/h）という最大速度性能を得て、881海里（1,632km）の戦闘行動半径を有

するという飛行能力をもたせることが計画された。運用乗員は2人で、パイロットとレーダー操作員が前後に座るタンデム・コクピットを備えて、緊急時には個別のカプセルにより脱出するようにされた。

　迎撃機としては、当時の最新技術を用いたきわめて高レベルの電子機器類を搭載することとされ、攻撃兵器としてはヒューズGAR-9ファルコン空対空ミサイルを胴体内兵器倉に

搭載する形式が用いられた。GAR-9は、ロッキードの固燃ロケットモーターを推進装置に使用することで発射後に最大マッハ6の極超音速まで加速を可能にするとともに、100海里（1,852km）の最大射程を有するものとされた。誘導方式は、まずセミアクティブ・レーダー誘導により目標に接近し、基本的な運用では終末段階で赤外線誘導に切り替えて熱源に向かうようにされた。

F-108の実大モックアップのタンデム複座コクピット部。コクピット直後の電子機器室のパネルが開いている（写真：ノースアメリカン）

F-108の実大モックアップ。かなりの大型戦闘機であることがうかがえる（写真：アメリカ空軍）

F-108計画はなぜ中止されたのか

F-108は1959年1月にモックアップの審査が行われて、この時点で1961年3月の初飛行が計画された。また1959年5月15日には、「レイピア（Rapieer：細身で両刃の剣）」の公式愛称が付与されている。しかし1959年中ごろにはアメリカ空軍はすでにこのプロジェクトがきわめて金食い虫であること、そしてソ連の戦略ドクトリンが長距離爆撃機から大陸間弾道ミサイル（ICBM：InterContinental Ballistic Missile）に移っていることを認識するようになっていて、F-108計画には疑問がもたれ始め、"要なし"とみなされることとなった。加えてアメリカ空軍もICBMが有人爆撃機に代わりうる存在になると考え始めていて、ICBMはB-70/F-108

ロッキードYF-12Aの機首部に装着されたヒューズAN/ASG-18レーダー（写真：ロッキード）

AN/ASG-18レーダーのアンテナ。YF-12計画のキャンセルにより実用化には至らなかった（写真：ヒューズ）

の組み合わせよりもはるかに効果的で安上がりと評価されたのである。こうしてF-108は、試作機が製造される前の1959年12月3日に計画がキャンセルされた。

　ただ、F-108関連で行われた研究のいくつかは、ロッキードのマッハ3級迎撃機YF-12（1963年8月7日初飛行）向けに継続された。ヒューズAN/ASG-18火器管制レーダー・システムはその一例で、パルス・ドップラー機能によるルックダウン／シュートダウン（下方捜索／下方攻撃）機能を有し、捜索距離は322～482km、爆撃機サイズ目標の探知距離は160kmとされた。このレーダーは、YF-12のキャンセルとともに実用化には至らなかったが、大幅な改良を加えてグラマンF-14トムキャット用のAN/AWG-9へと進化し、実用化された。またGAR-9も、AIM-47に名称を変更して、YF-12Aの主搭載兵器にリストアップされていた。このGAR-9/AIM-47もまた、F-14の主搭載兵器であるAIM-54フェニックスへと進化して実用化されている。

【DATA：F-108（計画値）】

全幅　17.50m	最大速度　1,711ノット（3,169km/h、高度23,332m）
全長　27.18m	実用上昇限度　24,414m
全高　6.73m	戦闘上昇限度　23,332m
主翼面積　173.3m²	初期上昇率　5,486m/分
空虚重量　23,091kg	高度15,240mまでの上昇時間　5分24秒
戦闘重量　34,527kg	戦闘行動半径　882海里（GAR-9×3搭載時）
最大総重量　46,509kg	フェリー航続距離　3,982km
エンジン×基数　ジェネラル・エレクトリックJ93-GE-3AR×2	
ドライ時最大推力　93.0kN	
アフターバーナー時最大推力　133.5kN	

Appendix Ⅲ
旧ソ連版バルキリー=スホーイT-4

**旧ソ連もマッハ3級の高速爆撃機を計画し飛行させたが、
完成したのは2機だけで、
もちろん実用化には至らなかった。**

モスクワ郊外のモニノにある中央空軍博物館に展示されているスホーイT-4（写真：Wikimedia Commons）

旧ソ連版バルキリーとは？

　1980年代末期に東欧諸国が社会主義体制からの脱却と国境の解放、そして自由化へと舵を切るとソ連でも構成共和国が主権を宣言するようになった。そのトップはエストニアの1988年11月16日で、さらに1989年にはリトアニア、ラトビア、アゼルバイジャンが続き、1990年にもグルジア（現ジョージア）も主権を宣言し、ついに1991年12月25日にはロシア・ソビエト社会主義共和国となって現在のロシア連邦が誕生し、これがソ連の崩壊であり、東西冷戦の終結につながった。

　ソ連からロシアへの体制の変更は、国際情勢にさまざまな変化をもたらしたが、その1つに西側諸国の一般人によるロシア国内への旅行の自由化があった。もちろん出入りが禁じられる場所も多く残ってはいたが、従来は行くことのできなかった場所も多数が開放されることとなった。そのなかで航空機に関心をもつ人たちに歓迎されたのが、首都モスクワ近郊（東に約40km）のモニノにある「中央空軍博物館」の解放であった。ベールに包まれていたソ連時代に開発された航空機やエンジンの実物展示が行われていて、自由に見学や写真撮影ができたのである。

ウィキペディアの最近の記述では、展示数は航空機が173機種、エンジンが127種とされている。

　この展示航空機のなかでもっとも関心を集めたのが、スホーイT-4であった。今日ではその初飛行が1972年8月22日であったことがわかっているが、製造機数はわずかに4機で、しかも飛行試験機は1機しかなく、もちろん実用化には至らなかったから、当時西側はその存在をまったく把握していなかった。それがこの博物館で展示されていて、またわずかながらでもその情報が知られるようになると、「旧ソ連版バルキリー」などとして注目を集めるようになった

完成当時に撮影されたとみられる
T-4の写真。この機種について西側
はほとんど把握できていなかった
（写真：スホーイ）

マッハ3級の速度性能を目指した
T-4は、カナード翼と無尾翼デルタ
の組み合わせという機体構成を
とっていた（写真：スホーイ）

水平飛行中の抵抗減少と離着陸時
の前方下方視界の確保のためT-4
の機首は可動式にされた
（写真：Wikimedia Commons）

のである。なおT-4の試作機の機番
は"101"～"106"で計画された製造機
数は6機だったようだが、実際に完
成したのは"101"と"102"の2機で、
ほかに"103"と"104"が製造段階に
あったため、試作機の機数が4機
だったとされている。またこれらと
は別に、地上の強度試験機1機
（"100"）が作られていた。

スホーイ T-4 の開発目的と 機体概要

　このスホーイT-4は、旧ソ連の超
音速偵察機／対艦攻撃機／戦略爆撃
機の要求に応じて開発された「航空
機100」あるいは「プロジェクト100」
と呼ばれた。T-4の基本構成は、非常
に面積の大きなデルタ翼の主翼にカ
ナード翼を組み合わせ、尾翼は垂直

尾翼のみで水平尾翼はなく、機首部
は英仏共同開発の超音速旅客機のコ
ンコルドやソ連のツポレフTu-
144"チャージャー"と同様の折り曲が
り式として操縦室風防の前方で下方
向を向くようにされていた。エンジ
ンを主翼下に横並びで装着する点は
バルキリーと同様だったが、その数
は6基ではなく4基で、機体寸法も全
幅が約22m（バルキリーが約32m）、

T-4は、奥に見えるミヤシシチェフM-4"バイソン"爆撃機にも匹敵する大型機であった。モニノの展示機の番号は「101」（写真：Wikimedia Commons）

全長が約44m（同約56m）とひと回り小型であった。

　一方で、両機種で類似（あるいは共通）している要素もある。もっとも重要なことはマッハ3という超音速飛行性能を目標にしていたことで、またその用途を戦略偵察と戦略爆撃としていたことである。ただどちら向けにも、専用の戦略核兵器は作られなかった。

　T-4はマッハ3の高速飛行に対応できるようにするため、胴体をチタニウムで製造した。ご存知のようにチタニウムは耐熱性に優れた金属で、超高速飛行で生じる高温の摩擦熱から機体を護るための措置である。同様の手法はアメリカのマッハ3超高速戦略偵察機ロッキードSR-71（1964年12月22日初飛行）でもとられていた。また飛行操縦装置は4

チャンネルのコンピューター制御フライ・バイ・ワイヤで、燃料システムにはタービン・ポンプを使うなどの新機軸も多数盛り込まれていた。その結果、スホーイはこの機種で約600のソ連国内の特許を取得したともされる。

　ただT-4の飛行試験の結果は、満足のいくものではなかった。10回程度の飛行試験中に達成した最大速度はマッハ1.36で、これは1959年9月7日に初飛行して1962年に就役したツポレフTu-22"ブラインダー"の最大速度マッハ1.42にも劣るものであった。こうしてT-4プロジェクトは1974年1月22日に継続の打ち切りが決まって、1975年12月に公式に計画の終了が決定されたのである。アメリカでもソ連でも、マッハ3の戦略爆撃機は夢と幻に終わった。

【DATA：T-4（性能は計画値）】

全幅　22.00m
全長　44.00m
全高　11.20m
主翼面積　295.7m²
空虚重量　55,600kg
計画総重量　114,000kg
最大離陸重量　135,000kg
エンジン×基数　コレゾフRD-36-41
　×4
アフターバーナー最大推力
155.7kN
最大速度　3,148km/h
最大マッハ数　M＝3.0（実証値はM
＝1.3）
巡航速度　2,963km/h
巡航マッハ数　M＝2.8
実用上昇限度　20,117〜24,080m
フェリー航続距離　7,038km/h

正面から見た T-4。空気取り入れ口は思いのほか簡素で、開口部も小さい（写真：Wikimedia Commons）

T-4 の 4 基のエンジンはバルキリーと同様に機体最後部に横一列に並べられていた（写真：Wikimedia Commons）

Appendix Ⅳ
BAC TSR.2

バルキリーのようなマッハ3の速度性能を狙ったものではないが、
1960年代前半のイギリスでは、やはり「怪鳥」と呼ぶにふさわしい作戦機が飛行していた。
この機種もまた残念ながら実用には至らず、完成は3機の試作のみ
（ほかに1機の地上試験機が作られた）に終わっている。

王立戦争博物館ダックスフォードに展示されているTSR.2の2号機（写真：WikimediaCommons）

イギリス空軍が
TSR.2で目指したもの

　1950年代末期以降イギリス空軍は、イングリッシュ・エアクラフトが開発し実用装備していた中爆撃機のキャンベラに代わる、高性能でまた多くの任務に使える機種の開発をメーカーに求め、1959年1月にイングリッシュ・エアクラフトとビッカース・アームストロングの共同事業として提示されていた機体案を選定して、作業の承認を与えた。開発に向けた公式の機種名はTSR2となり、TSRは戦術打撃および偵察（Tactical Strike & Reconnaissance）を意味した。また「2」は第2機体計画案を指していた。1960年1月には共同作業を行う2社が統合化されてブリティッシュ・

エアクラフト・コーポレーション（BAC）となったことで、TSR.2プロジェクトもこの新会社のそのまま受けつがれて、1960年10月7日に試作および全規模開発機9機と実用機11機の計20機という初の製造契約が与えられた。

　TSR.2で重視されたのが敵の防空網をくぐり抜けられる高速侵攻能力で、高高度ならばマッハ2以上、低高度でも超音速で飛行できる能力が求められた。これを可能にするため、機体は大推力のターボファン・エンジン双発の大型機となり、正確な航法と命中精度を実現するために飛行乗員は2人とされてタンデム複座のコックピットに搭乗するかたちになった。もちろんパイロットが前席、航

法・爆撃手が後席である。

　主翼は肩翼配置のデルタ翼で、前縁に60度の後退角を有した。翼端部は下に折り曲げられていた。これはXB-70Aと同様に、高速飛行時の方向安定性を補佐する目的の設計である。くわえてこの主翼端折り曲げは飛行中の空力的震動を軽減でき、乗員の乗り心地を改善できるとされた。またこの折り曲げ部の後縁には「尾翼フラップ」と呼ばれた小さな動翼があって、水平尾翼を補佐する補助昇降舵としての機能を果たすようにされていた。

　尾翼は通常の垂直尾翼と水平尾翼の組み合わせで、垂直尾翼後縁には方向舵があり、水平尾翼は全遊動式である。主翼前縁付け根部の下に空

気取り入れ口があって、開口部には
F-104と同様の半円錐形のショック
コーンを有して、エンジンまでほぼ
まっすぐに空気を導いている。エン
ジンはブリストル・シドレー（現
ロールスロイス）が開発したオリン
パスMk320アフターバーナーつき
ターボファンで、このエンジンの民
間向け派生型はイギリスとフランス
が共同で開発した超音速旅客機の
「コンコルド」に使用されている。

　燃料は主翼内のインテグラル型タ
ンクに搭載し、また機首部左舷には空
中給油用の引き込み式プローブの装
備を可能にするよう設計されていた。

　搭載する航法攻撃システムは当時
の最新型を用いることとされ、また
機首のレーダーは側視機能も含めた
多機能型で、これらにより昼夜間／
全天候化で完全な作戦能力を発揮で
きるようにする計画だった。搭載兵
器類の種類も多岐にわたるように
し、胴体内兵器倉も有して、そこに
は重量457kg、最大威力450kTの
WE177熱核爆弾（水爆）を最大で4
発搭載できる設計になっていた。

TSR.2の初飛行から その後

　TSR.2の初号機（XR219）は1964
年9月27日に初飛行し、12月31日に
は2回目の飛行を実施し、さらに翌
年3月末までの飛行回数は24回に達
したが、ほとんどが短時間のもので
あった。初期の飛行試験でパイロッ
トは操縦に関しては良好との印象を
報告し、唯一着陸時の操縦について
問題点を指摘していたが、それも修
正は可能なものとされた。

　ただTSR.2に求められた飛行性能
を実現させるにはまだまだ努力が必
要だったし、搭載する電子機器の開

飛行するTSR.2の初号機。従来の戦闘機とは異なったシルエットをしている（写真：BAC）

TSR.2に代わって開発されイギリス空軍が装備したパナビア・トーネードGR.Mk1（写真：青木謙知）

発と実用化には長い時間と多額の経
費を要することは確実で、大型機で
あるTSR.2のプロジェクト・コスト
の大幅な超過は政治問題となって
いったのである。そして政権が保守
党から労働党に移ると1965年4月6
日に労働党のハロルド・ウィルソン
首相はTSR.2プロジェクトの完全な
キャンセルを決定したのであった。
この時点までの試作機2機による合
計飛行時間はわずかに13時間であっ
た。この日、試作3号機も飛行の準備
が整っていたのだが、機体が進空す
ることはなかった。またほかに9機が
さまざまな製造段階にあったが、す
べてスクラップ処分となっている。

　TSR.2でイギリスが学んだことの1
つが、単独での戦闘機開発の難しさ
であった。その結果、イギリスは
TSR.2に代わる新作戦機を西ドイツ
とイタリアと共同で開発することと
して、双発複座の可変後退翼戦闘機

パナビア200トーネードを作り上げ
て、実用装備したのである。

【DATA:TSR.2（性能は計画値）】

全幅	11.33m
全長	27.13m
全高	7.32m
主翼面積	65.3m²
空虚重量	24,834kg
最大離陸重量	46,947kg
エンジン×基数	ブリストル・シドレー
	B.Ol.22Rオリンパス Mk.320×2
最大推力	97.9kN（ドライ時）
	/136.2kN（アフターバーナー時）
最大速度	M=2.25（高度12,192m）
	/M=1.1（海面高度）
最良上昇率	4,572m/分
実用上昇限度	16,459m
最大航続距離	4,630km
戦闘航続距離	1,389km
兵装搭載量	2,700kg（機内）
	+1,800kg（機外）
乗員	2人

参考文献

『Interim Flight Manual XB-70A』 North American 1964

『Valkyrie North American's Mach 3 Super Bomber』 Dennis R. Jenkins & Tony R. Landis
Specialty Press 2007

『Jet Bombers』 Bill Gunston With Peter Gilchrist Osprey Aerospace 1993

『A Cold War Legacy － Tribute to Strategic Air Command 1946－1992』 Alwyn T. Lloyd
Pictorial Histories Publishing 2000

『The Osprey Encyclopedia of Russian Aircraft』 Bill Gunston Osprey Aviation 2000

『Rockwell B-1B』 Don Logan Schiffer Publishing 1995

『B-2 Spirit』 Steve Pace McGaw-Hill 1999

『戦略爆撃機B-52マニアックス』 青木謙知 秀和システム 2020年

『SR-71ブラックバード Researcher's Handbook & Flight Manual 日本語訳永久保存版』 青木謙知
秀和システム 2020年

『F-15 Flight Manual & Weapon Delivery Manual 日本語訳永久保存版』 青木謙知 秀和システム 2022年

『ボーイング787はいかに作られたか』 青木謙知 SBクリエイティブ（サイエンス・アイ新書） 2009年

『月刊 航空情報』各号 酣燈社

『月刊 航空ファン』各号 文林堂

『月刊 航空ジャーナル』各号 航空ジャーナル社

『月刊 軍事研究』各号 ジャパン・ミリタリー・レビュー

※そのほか、各社・各機関の資料・ホームページなどを参考にさせていただきました
※Section Ⅲの本文中に「削除」とあるのは、FlightManualで「(Deleted)」となっているためです

Index

【著者紹介】

青木 謙知（あおき よしとも）

1954年12月、北海道札幌市生まれ。1977年3月、立教大学社会学部卒業。同年4月、航空雑誌出版社「航空ジャーナル社」に編集者／記者として入社。1984年1月、月刊『航空ジャーナル』の編集長に就任。1988年6月、月刊『航空ジャーナル』廃刊にともない、フリーの航空・軍事ジャーナリストとなる。著書は、『戦略爆撃機B-52マニアックス』『幻の第5世代戦闘機 YF-23マニアックス』『幻の国産旅客機 SpaceJetマニアックス』『世界旅客機年鑑 [2024年最新鋭機対応版]』（弊社）、『知られざるステルスの技術』（SBクリエイティブ）、『戦闘機年鑑 2023-2024』（イカロス出版）など多数。

【イラスト】箭内 祐士
【校正・校閲】石原 肇

幻の戦略爆撃機
XB-70 マニアックス

発行日	2024年 5月 5日	第1版第1刷

著　者　青木　謙知

発行者　斉藤　和邦
発行所　株式会社　秀和システム
　　　　〒135-0016
　　　　東京都江東区東陽2-4-2　新宮ビル2F
　　　　Tel 03-6264-3105（販売）Fax 03-6264-3094
印刷所　株式会社シナノ　　　　　　Printed in Japan

ISBN978-4-7980-7185-5 C0031